少年科普热点

植物朋友

ZHIWU PENGYOU

中国科学技术协会青少年科技中心　组织编写

科学普及出版社

·北京·

组 织 编 写　中国科学技术协会青少年
　　　　　　　科技中心
丛 书 主 编　明　德
丛书编写组　王　俊　　魏小卫　　陈　科
　　　　　　　周智高　　罗　曼　　薛东阳
　　　　　　　徐　凯　　赵晨峰　　郑军平
　　　　　　　李　升　　王文钢　　王　刚
　　　　　　　汪富亮　　李永富　　张继清
　　　　　　　任旭刚　　王云立　　韩宝燕
　　　　　　　陈　均　　邱　鹏　　李洪毅
　　　　　　　刘晨光　　农华西　　邵显斌
　　　　　　　王　飞　　杨　城　　于保政
　　　　　　　谢　刚　　买乌拉江

策划编辑　肖　叶　邓　文
责任编辑　梁军霞　魏雨荫
封面设计　同　同
责任校对　林　华
责任印制　李晓霖

目录

第三篇　有用的植物

第一篇
植物之家

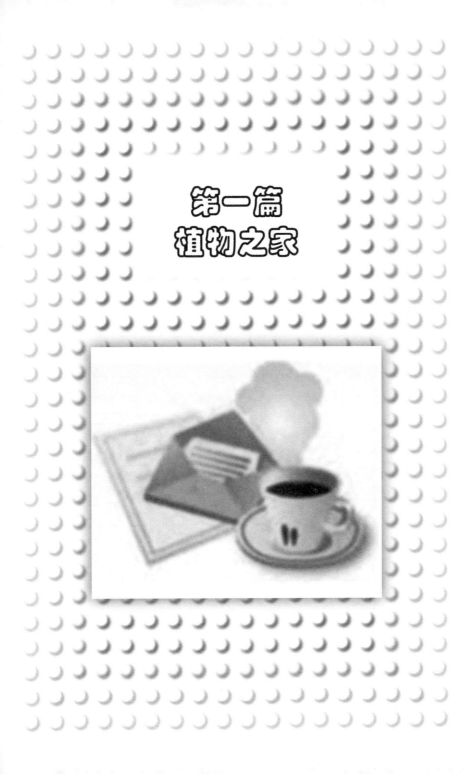

朋友们，在我们的生活里处处都有植物的存在。美丽的鲜花、青青的小草、参天的绿树……它们都是植物。

万物生长靠太阳，人类和动物界赖以生存的能源直接、间接地来自太阳光能。而将太阳光能转化为食物中的化学能的本领是绿色植物所特有的。它们通过光合作用把无尽的太阳光、二氧化碳、水等转化形成有机物质，制造出真正的食物。

从此，生物界面貌日渐改观，一直演化到今天这样百花斗艳、千鸟争鸣的繁荣境界。绿色植物制造出的食物，除了维持自身的生长外，大部分都是"剩余物资"，用于养活全部动物和人类，还提供了人类所需的石油、煤和天然气。人类不能离开生物圈而存在！

植物是我们的朋友，植物更是地球生物圈的基础和源泉。本书将带您走近"植物朋友"，走进绿色世界。

植物的根与茎

　　我们都见过植物的根，可并不是所有的植物都有根！植物的根是生长在地下的，但这也并不是绝对的，有些植物的根却向空中生长，有意思吧。

　　植物的根是植物在长期适应陆上生活的过程中发展起来的一种向下生长的器官。它具有吸收、输送、贮藏、固着的功能，少数植物的根也有繁殖的作用。

　　通常根向下生长，是隐藏在地面以下

热带植物特有的露出地面呈扁平状的板状根

的，但有些植物的根不长在地下，而是长在空气中，甚至向上生长。

此外，刚才我们也提到并非所有植物都有根。世界上所拥有的50多万种植物中，其实只有20多万种高等植物才具有真正的根，其余近30万种低等植物都是没有根的。它们还没有进化到具有根这个器官的水平，有些低等植物有根的外形，但它不具有根的构造，充其量只能称为假根。我们了解了植物的根以后，让我们进一步了解一下植物的茎！

茎是高等植物长期适应陆地生活过程中的地上部分器官，一般它具有向地上生长的习性。茎的下部连接根，在茎上有节和节间，在节上生叶和开花、结果。

茎把根所吸收的物质输送到植物体的各个部分，同时也能把植物在光合作用过程中的产物，输送到植物体所需的各个地方。

茎常呈圆柱形，这种形状最适宜于担负支持输导的功能。有些茎外形发生变化，如马铃薯和莎草科植物的茎为三棱形，薄荷、益母草等唇形科茎为四棱形，芹菜茎的形状为多棱形。

茎支撑植物体的叶、花、果实,向四面空间伸展,支持植物体对风、雨、雪等不利自然条件的抵御。此外,茎也有贮藏和繁殖作用。

胡 黄 连

茎的形态是多种多样的,有粗有细,有长有短,变化很大,高的 150 余米,直径达 10 米以上;低的却只有几厘米;长的可达 200～300 米! 但没有茎的植物却是极为罕见的。当然,有些植物地上茎极短或极不明显。

茎上有节,在某些植物的茎上很明显,如毛竹、玉米、甘蔗,大家肯定印象很深。在这些植物的茎上,每隔一定距离,都可以看到有一环一环的突起,这就是节。很多植物茎上的节不那么清楚,特别是比较老的茎上,更看不出何处是节。在这种情况下,我们可以根据什么地方长叶,来确定什么地方就是节,因为叶是生长在节上的。从植物的叶子生长在何处,就能判断节的所在,试试看!

你知道茎是由什么发育而成的吗?

小问题

植物朋友
ZHIWU PENGYOU

你知道植物的叶、花、果实有哪些组成部分吗？

　　一片完全的叶由三部分组成，即叶片、叶柄、托叶。这三部分构成了一片完全的叶。其中，托叶是大家所不注意也不熟悉的部分。它通常着生在叶柄基部两侧，成对生长，也有的生在叶柄与茎之间。但在我们常见的植物中，它们的叶并非都具备这三者，不乏缺一二的，最多的是缺少托叶，其次是缺少叶柄。有趣的是还有缺少叶片的，如相思树，除幼苗时期外，全树的叶均无叶片，只剩下扩展成扁平状的叶柄。

　　叶在茎上排列的方式称为叶序。植物体通过一定的叶序，可以使叶片均匀地、有规律地向四面分布，使枝叶充分地照到阳光，有利于光合作用的进行。叶是植物所具有的比较明显而又稳定的特征，是经常被用作识别植物的重要标志之一。大家可以注意一下植物叶子是如何排列的。

　　花是种子植物的繁殖器官。一朵完全的花是由花梗、花托、花萼、花冠、雄蕊、雌蕊等几部分组成的。大家都见过很多花，但

6

长叶肾蕨的叶序

你注意到花的构成了吗?

花梗是支撑花朵的柄,因此亦称花柄。花梗顶端着生花萼、花冠、雄蕊、雌蕊的地方称花托。花的最外一轮叶状构造称花萼。花萼通常为绿色,可大可小,包在花蕾外面,起保护花蕾的作用。花冠位于花萼内侧,由若干片花瓣组成,排成一轮或多轮。通常花冠具有鲜艳美丽的颜色。位于花冠内侧能产生花粉粒的器官称雄蕊。位于花的中央部位,能产生卵细胞的器官称为雌蕊。

果实也是种子植物所特有的一个器官。它是由花经过传粉、受精后,雌蕊的子房或子房以外与其相连的某些部分,迅速生长发育而成。子房壁发育为果皮,并分为外果皮、中果皮、内果皮三层。三层果皮比较分明的如桃子，外果皮薄而柔软，中果皮多汁，即可食用部分，内果皮呈凹凸不平的硬木质，即俗语称的核。大家清楚了吧，桃子可是有三层果皮啊！

1. 少数植物叶柄的着生方式很奇特，不是长在叶片端部，而是长在叶片背面中央，好像一把撑开着的雨伞的伞柄，这种称为盾状着生。大家熟悉的莲、千金藤就是常见的例子。想一想，是不是啊？

2. 花都是从茎上长出来的，但有一个有趣的现象。在热带地区，某些植物的根上会长出一朵巨大的花，叫大王花，它的直径可达 1.4 米，这其实是一种寄生现象，是大王花寄生在某些植物的根上，是两种植物间的寄生关系，并非在某种植物的根上开出自己的花。大王花有意思吧？

3. 我们知道果皮一般分为外果皮、中果皮、内果皮三层。但在许多植物的果实中，三层果皮通常是分辨不清的，如番茄、茄子。

姜　花

小问题

一片完全的叶应该由哪几部分组成？

在植物的大家族中有哪些成员？

我们已初步了解植物的结构，但要熟悉植物朋友还要认识一下植物的整个家族。因为植物家族是非常庞大的，有些植物生长在地上，而有些植物却生长在水里；有些植物的根、茎、叶都是一般的形状，有些植物的根、茎、叶形状却很奇特，还有些植物的根、茎、叶就没有分化出来……所以，现在我们就看一看植物家族到底有些什么样的成员。

世界上有50多万种植物，仅属于高等植物的就有20余万种，中国有高等植物3万余种。种类如此繁多，对不熟悉的人来讲，简直是杂乱无章。植物真是一个大家族，我们怎么从整体上去分清其中的成员呢？

我们必须先给植物分一下类。当我们懂得了植物的分类等级时，就会发现它们其实是各有所属、井井有条的。任何植物，不管它是高等的还是低等的，是种子植物还是孢子植物，只要讲出它的科学的名称，就可以在某个位置上找到它。你相信吗？

植物分类学家已经大体上弄清了各种植物之间的关系，并根据它们之间亲缘关系的远近，从低级到高级，从简单到复杂，把它们编排在一个系统中。在这个系统中，每一种植物都有一个自己的位置，就像每一个人都有一个

属于低等植物的菌类

户口一样。这个系统由好几个等级组成，最高级是"界"，接着是"门"、"纲"、"目"、"科"、"属"，比较基层的是"种"。由一个或几个种组成属，由一个或几个属组成科，依此类推，最后由几个门组成界，也就是植物界。这种划分好理解吧！

一旦碰到有不认识的植物，只要判断它可能属于的科，再到有关的植物分类专业书上去查找，就不会太困难了。因为几乎所有的分类书籍中，植物的编排都是以科为基础的。所以我们要特别重视"科"。

世界上所有的植物都可以归到高等植物或低等植物这两大类中，它不是高等植物就必然是低等植物，两者必居其一。

那么，什么样的植物是高等植物呢？简

单地说，高等植物是指在形态上、结构上和生殖方式上都比较复杂的、较高级的植物。譬如，它们一般都有根、茎、叶的分化，有各种组织、器官的分化，此外，关键的一点是它们在个体发育中，有"胚"这个构造，大家一定要记住啊！具有上述这些特性的植物，称为高等植物。

哪些植物属于高等植物呢？我们所看到的会开花的植物全部是高等植物。此外，还有一些不开花的植物，如生长在潮湿环境中的苔藓植物，在阴湿环境中的蕨类植物也是高等植物。

低等植物则是一类形态、结构和生活方式较简单，在进化过程中处于较低级的植物。它们一般没有根、茎、叶的分化，整个植物体呈叶状或丝状，甚至一个植物体只由单个

藻类植物是一群比较原始的低等植物，植物体结构简单，为单细胞体、群体、丝状体或片状体，大多数生活在海水或淡水中，少数生于潮湿处。细胞内含有与高等植物同样的色素及其他色素，物质可进行光合作用，自行制造营养。

最常见的高等植物——板树

细胞形成。而且，它们多数生活在水中，如生活在淡水中的单细胞的衣藻。由于它们的生长，可使整个水面呈现一片绿色。还有生活在海水中的紫菜、海带等。

你能举出一些高等植物和低等植物的例子吗？

小问题

苹果和香菇，还有桃子和银杏在植物学中都是什么植物？

　　所有的植物也可以根据能不能产生种子这个标准来划分为两大类群，也就是种子植物和孢子植物。

　　凡是能产生种子的称为种子植物，不会产生种子的称为孢子植物。例如，苹果、大豆、马尾松、银杏都是种子植物。一般种子植物生长活动的最低温度是0℃。每到冬天，千里冰封，大地上几乎找不到红花绿叶。但是，也有一些不怕寒冷的"英雄好汉"。例如：中国青藏高原，生长在海拔5000米高处的雪莲花，能对着皑皑白雪，开出紫红色的鲜花。阿尔泰山的银莲花，能在－10℃的环境下，从很厚的雪缝中钻出生长。有些松柏类植物，能抵御－30～－40℃的低温。在西伯利亚有一种植物，能在－46℃的低温下开花。在自然条件下，它要算是不怕冷的"英雄"了。苹果果核中的籽粒，大豆豆荚中的豆粒，马尾松的松籽，银杏的白果都是种子。

　　蘑菇、香菇是孢子植物。它们既不会开

银 杏 叶

花，也不会结种子，在它们的伞盖下，会散出无数的细小颗粒，这就是孢子，所以称它们为孢子植物。

对于种子植物，我们还可以再分为两类，即被子植物和裸子植物。这两类植物的共同特征是都具有种子这一构造，但这两类植物又有许多重要区别。

大家要注意，它们的最主要的区别是被子植物的种子生在果实里面，在果实成熟后裂开之前，它的种子是不外露的，如大家熟悉的苹果、大豆即被子植物。裸子植物则不同，它没有果实这一构造。它的种子仅仅被一片鳞片覆盖起来，而不是被紧密地包被起来。比如，在马尾松的枝条上，会结出许多红棕色尖卵形的松球，当仔细观察时，会看到它是由许多木质鳞片所构成，它们之间相互覆盖。如果把鳞片剥开，可以看到在每一片鳞片下覆盖着两粒有翅的种子。在有些裸子植物中，如银杏，它的种子外面连覆盖的鳞片也不存在，种子着生在一个长柄上，自始至终处于裸露状态。具有这些特性的植物，都称为裸子植物。

被子植物又可分为两大类：双子叶植物和单子叶植物。它们的根本区别是在种子的胚中发育两片子叶还是发育一片子叶，两片

银杏是中国特有而丰富的经济植物资源。利用银杏果叶的有效化学成分和特殊医药保健作用可以加工生产保健食品、药物和化妆品，正引起国内外研究、开发、生产单位的重视。各国众多企业竞相研制生产以银杏为原料的天然绿色产品，替代对人体健康有较大副作用的合成化学品，从而为中国的银杏资源的开发利用开辟了无比广阔的前景，迅速提高了银杏的利用价值及其对经济、社会和生态的影响，为社会创造了财富。

裸子植物马尾松

的称为双子叶植物，一片的称为单子叶植物。前者如苹果、大豆；后者如水稻、玉米。

在整个被子植物中，双子叶植物的种类占总数的4/5，双子叶植物除了几乎所有的乔木以外，还有许多果类、瓜类、纤维类、油类植物，以及许多蔬菜；而单子叶植物中则有大量的粮食植物，如水稻、玉米、大麦、小麦、高粱等。

通过前面的阅读，你对种子植物和孢子植物更加了解了吗？

小问题

细菌和蓝藻是植物的始祖吗？

为什么植物家族如此复杂，成员如此多样？我们知道生物经历了漫长的发展过程，其中植物的发展是非常重要的一环。在漫长的发展历程中不断产生了各种各样的植物。

生命，起源于二三十亿年前。原始生命体是构造十分简单的单细胞生物，它没有真正的细胞核，几乎仅仅是一个"蛋白质小体"，叫作原核生物。原核生物还没有分化出细胞器，通过裂殖来增殖个体。它们包括了细菌和蓝藻。因此，细菌和蓝藻可以说是最古老的植物类群。

细菌的形状很简单，体积很小，要用显微镜才能看得清楚。有的二三十分钟就能分裂一次。它们在地球上的分布范围很广，不管是土壤、水、空气，甚至动植物以及人类的身体内，到处都有它们的踪迹。细菌不含叶绿素，不能进行光合作用，必须寄生在其他动植物或尸体上才能生活。细菌最怕直射的阳光，因为太阳光中的紫外线具有强烈的杀菌作用。当环境不利于细菌生活时，它能变成一个孢子，孢子具有坚厚的细胞壁，能抵抗高温和干燥，不易死亡。一旦环境适宜，它又变成细菌，繁殖后代。

在20亿年以前，地球母亲孕育出了最古老的植物——蓝藻，它们既渺小，又伟大。蓝藻和细菌很相似，但是它们的细胞内有了叶绿素，能利用水、二氧化碳和阳光进行光合作用，制造养分，排出氧气。经过亿

大家知道吗？自然界里的细菌并不都是危害人类或其他生物的坏蛋，细菌在自然界中有着重要的作用，举几个例子大家就明白了。例如，土壤里到处繁殖着的腐败细菌，它们能把尸体分解为腐殖质，净化自然界；固氮细菌或者寄生在豆科植物根上的根瘤细菌，能把空气中游离氮素化合成氮肥；农作物施肥时所用的粪肥、厩肥、绿肥等，也必须通过细菌的活动，才能使有机物质分解为农作物容易吸收的无机盐类，对提高土壤的肥力起着重要的作用。

植物朋友 ZHIWU PENGYOU

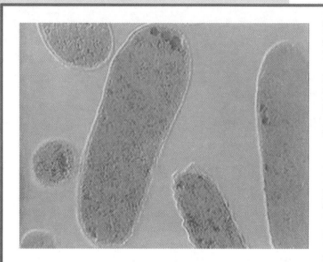

电子显微镜下的细菌图片

万年的努力，数不清的蓝藻使大气中的氧越来越多，在太阳的照射下，地球的上空形成了臭氧层，它像给地球撑起了一把保护伞，使地球变得更适于万物的生存。因此，蓝藻的出现是生命发展史上最伟大的事件之一。

随着氧气的增加和自然环境的不断变化，原始生物的性状不断进化，逐渐出现许多新的植物种类。

为什么说蓝藻的出现是生命发展史上最伟大的事件之一？

小问题

水中大草原——藻类对人类有什么重大的价值？

藻类是全世界海洋和淡水湖泊中到处繁殖的水生植物，它们种类繁多，体型也有很大的变化。可从最简单的单细胞类型发展成为多细胞的丝状体，丝状体中又有不同类型。从不固着到一端固着于水底，并进一步发展成为具有各种器官的巨大植物体。这种构造上的复杂化，保证了藻类植物与周围环境有更大的接触面，从而能更好地摄取营养，充分发育。

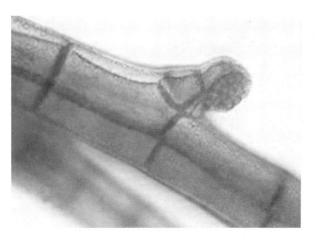

红 藻

硅藻在海洋里大量繁殖着，它们死亡后，胞壳（硅藻的特点在于细胞壁由硅质和果胶质组成，因此成为坚固的胞壳）不易腐败，沉积在海底成为硅藻土，厚度有时可达到200米以上。硅藻在工业上的用途很广，可以制成最好的过滤剂和填充物，还可以做金属和木器的磨光剂，做防止锅炉散失热量的绝缘体等。

藻类生殖一般分为有性和无性两种。无性生殖产生孢子，产生孢子的一种囊状结构的细胞叫孢子囊。孢子之间不需进行结合，每一个孢子都可以长成一个新个体。

有性生殖的藻类产生配子，产生配子的囊状结构细胞叫"配子囊"。在一般情况下，配子必须结合成为合子，由合子萌发长成新个体，也有些由合子产生孢子，再进一步长成新个体。根据结合的两个配子的大小、形状、行为，科学家把配子的结合区分为同配、异配和卵配。在同配的情况下相结合的两个配子的大小、形状、行为完全相同。异配则指相结合的两个配子的形状一样，但大小和行为有些不同，大的不太活泼，叫雌配子，小的比较活泼，叫雄配子。卵配的情况要复杂一些，相接合的两个配子的大小、形状、行为都不相同，大的呈圆球形，不能游动，特称为卵；小的具有鞭毛，很活泼，特称为精子。卵和精子的结合叫受精，受精卵就会形成合子。由于合子不在性器官内发育为多细胞的胚，而是直接形成新个体，所以藻类植物被划分为无胚植物。

藻类的经济价值很高，其中尤以褐藻和红藻为最。

褐藻，靠假根附着在浅海底的礁石上，大量繁殖。大家日常吃的海带就是我们最为熟悉的一种褐藻。红藻是海藻中最高等的一类，含有藻红素，常生长在浅海底，多具

紫菜养殖

紫菜寿司

分枝，外形像一棵棵小树。紫菜是人们最熟悉的红藻。而硅藻属于单细胞或群体类型的浮游藻类，有"海洋中的草原"之称。

细菌和蓝藻是依赖无性的方法，即植物体的分裂或形成孢子来繁殖的。到了藻类才开始有了有性生殖法。在植物界演化历程中，有性繁殖方式的出现，是地球上生命发展中的一次飞跃。

小问题

我们日常吃的海带和紫菜分别属于藻类中的哪一类？

生命力顽强的低等生物

与藻类同时在地质时代发展的是真菌类。它们没有叶绿素，必须过寄生生活，它们起源于距今 3 亿年前的古生代泥盆纪。虽然有些真菌看起来像植物，但是它们不能通过光合作用来制造养分。最近的研究更揭示，真菌和动物的关系更密切。大多数真菌利用细丝状的菌丝吸收环境中的有机质。许多则侵入活生物体内生长。一般来说，真

生长在树上的菌类植物——灵芝

SHAONIAN KEPU REDIAN

真　菌

菌只会把孢子弹射出去，有些则借助风力，或者吸引动物前来帮助孢子传播。

　　真菌类中有许多是危害农业和园艺作物的，例如稻热病菌、黑穗病菌、玉米黑粉病菌等。而它们中有些种类可供医药用。例如青霉、灵芝、冬虫夏草等，有些则可供食用，如人们熟悉的香蕈、木耳就是属于真菌类的。

目前已知的真菌类约有10万种。它们繁殖力强，数量多。低级而构造简单的真菌类都局限于水中生活。它们靠土壤中的有机物为营养，或者定居于动物或植物遗体上。

另一种值得了解的高等植物就是苔藓，它们在植物界的系统演化中，代表着由水生过渡到陆生的类型，有人把它称作"水陆两栖"植物。它们的外部形态和器官构造，由较简单和不分化，趋向较复杂和分化；由适应水生生活趋向适应陆地生活等一些过渡的特征。

苔藓植物是植物界进化中的一个旁支，它比菌类植物更为适应于陆地生活。从苔藓植物开始，出现了由多细胞著称的叫作"颈卵器"的生殖器官，能更好地保证后代的繁殖，也是演化上的一次飞跃。现代植物学家把具有颈卵器的植物苔藓、蕨类、裸子植物总称为"颈卵器植物"。

苔藓植物大多只能适应于水湿生活环境。

植物朋友 ZHIWU PENGYOU

小问题

真菌为什么必须过寄生生活？

哪些蕨类植物能长到两三米高?

蕨类植物也称羊齿植物,它和苔藓植物一样都具有明显的世代交替现象,无性生殖会产生孢子,有性生殖器官具有精子器和颈卵器。但是,蕨类植物的孢子体远比配子体发达,并且有根、茎、叶的分化和由较原始的维管组织构成的输导系统,这些特征又和苔藓植物不同。蕨类植物产生孢子,而不产生种子,这有别于种子植物。蕨类植物的孢子体和配子体都能独立生活,这点和苔藓植物及种子植物均不相同。总之,蕨类植物是介于苔藓植物和种子植物之间的一个大类群。

蕨类植物是维管束植物中最原始的一群,它们不开花、不结果、不具种子,利用孢子繁殖后代。大多数的蕨类生长于热带地区水分充足阴湿的地方。树干上、河床旁是其出现频率最高的地点,但也有许多蕨类植物具有趋光性,喜爱阳光。蕨类在形态方面彼此间的变异很大,小者可比指甲还小,高大者亦有十余米高。

铺地蜈蚣

距今 4 亿多年前，生长在水湿地区的一些藻类，由于适应季节性的水位变化，经历了漫长的演化道路，出现了最早的陆生植物——蕨类。从此大陆开始披上了绿装。最早的蕨类植物——裸蕨既无叶，也无根，体形细弱，构造简单，只有光秃秃的一根根"枝条"。从古生代的泥盆纪（距今 3.5 亿～4.1 亿年）到石炭纪（距今 2.8 亿～3.5 亿年）的 1 亿多年中，蕨类植物组成的"沼泽森林"到处繁荣发展起来，而且个体长得又高又大。有的成为胸径几米、高几十米的

绵马是很好的药材

　　现代生存的蕨类植物虽然不能为人类创造多少经济价值，但对人类也是有用的，如水生的满江红、槐叶萍，可做绿肥或饲料。生长在山林里的卷柏，又名九死还魂草，可做收敛止血药。木贼是治砂眼的特效药，绵马的根状茎是著名的治绦虫药。

参天巨树。这些巨大的古代蕨类植物，在地壳发生剧烈变动时，沉埋于地层底下，与空气隔绝，长期受到压力和地心热力的作用，它们的木质纤维固结炭化而成石炭，也就是煤，这为我们人类提供了巨大的能源。

现今生存的蕨类植物多属不高大的草本，但产于中国南方和其他热带地区的树蕨也有高达两三米的，枝叶茂盛，像是一棵小树。

蕨类中最古老的一种是什么？

小问题

裸子植物：原始森林之母

　　裸子植物的孢子体特别发达，它们都是多年生木本植物，大多数为单轴分枝的高大乔木，枝条常有长枝和短枝之分。网状中柱，并生型维管束，具有形成层和次生生长结构。向内次生的木质部大多数只有管胞，极少数有导管；向外次生的韧皮部中无伴胞。叶多为针形、条形或鳞形，极少数为扁平的阔叶；叶在长枝上螺旋状排列，在短枝

裸子植物——苏铁蕨

上簇生枝顶；叶子常有明显的、多条排列成浅色的气孔带。裸子植物具有强大的主根。

在被子植物中，花粉粒需先到柱头再萌发，形成花粉管，然后才能到达胚珠。而裸子植物则不同，花粉粒由风力（少数例外）传播，并经珠孔直接进入胚珠，在珠心上方萌发，形成花粉管，到达胚囊，使其内的精子与卵细胞受精。从传粉到受精这个过程，裸子植物常常需要相当长的时间。有些种类在珠心的顶部具有花粉室，为花粉粒在萌发前做好逗留的准备。

　　裸子植物有一个先天的缺陷，它们的输导组织没有导管，叶脉分化很简单，输导能力比较低，加之胚珠裸露等缺点，也就限制了它们的生长速度和适应不良环境的能力。它们在漫长的植物进化过程中一度繁荣，但终于还是让被子植物后来居上，而处于衰退的地位。

植物朋友 ZHIWU PENGYOU

常见的裸子植物——松树

　　蕨类植物以孢子来繁殖后代，在它们出现的时候，也出现了以种子来繁殖后代的植物。种子植物的出现，使植物界在演化过程中大大地向前迈进了一步，成为植物界最后的"胜利者"。原始的种子植物，开始摆脱了对水的依赖。不过像松柏类植物的胚珠，发育在形成鳞片的特殊叶子上，胚珠暴露于外面，由胚珠发育成的种子是裸露的，因此它们称为裸子植物。

裸子植物中的种子蕨、种子石松类、银杏类在距今4亿年左右就已经出现，它们从距今4亿年到距今1亿年间，一直处于发展的阶段，种类繁多而茂盛。当时组成森林的主要成分有：银杏类、苏铁类、松柏类等，它们组成了巨大的森林，覆盖着大地，并继续向大陆的深处发展。裸子植物从中生代的三叠纪（距今1.95亿~2.3亿年）开始，到侏罗纪（距今1.4亿~1.95亿年）达到极盛的时期。我们今天用的煤很多就是来自它们的贡献。

如此说来，裸子植物真可谓是原始森林之母了。

裸子植物名称的由来是什么？

小问题

为什么要大力保护被子植物？

被子植物是植物界中最晚发生，又最具生命力的植物类群。全世界约有被子植物400多科，1万多属，26万多种（科、属、种数目依不同的被子植物分类系统略有变化）。被子植物占据着现代地球大部分陆地空间，是世界植被的主要组成成分。

被子植物在大型植物中数量最多，而且与人类的衣、食、医药、工业原料等关系最为密切。如果被子植物大量灭绝，那么人类的命运也就岌岌可危了，因此科学家格外重视对被子植物的保护。为了有效保护它们，科学家着重研究它们受威胁的方式、程度和灭绝过程，以便制定合理的保护策略。其中，最核心的内容在于进行种群存活力的分析，以及确定最小能存活种群。

科学家告诉我们，在目前尚无条件对每一个种进行深入的种群存活力分析的情况下，人类最好把保护的范围适当扩大，否则，一个种灭绝以后，就再也不能挽回了。

与此同时，科学界呼吁要特别重视减少

竹　林

造成物种濒危和灭绝的因素。这方面要做的
工作还很多，例如防止森林破坏，禁止对有
经济价值的种类的过度采挖，尽量多建立一
些保护区，加强保护区的管理，必要时采取
迁地保护措施（变野生为栽培）等。所有这
些，还必须以立法和政策加以保证。只有这
样，中国丰富的被子植物物种才能得到有效
的保护，使它不仅为中国人民，也为全人类
的福祉做出应有贡献。

被子植物是种子植物中的一门。它们在植物界中是最高等的植物，种类繁多，达到20多万种。中国约有3万种。一般认为，被子植物在地质史上的中生代后期始大量出现，广布于世界各地。被子植物有极大的经济价值，可分为双子叶植物纲和单子叶植物纲。

被子植物出现在中生代白垩纪（距今0.8亿~1.4亿年）后期，它是从古老的裸子植物进化来的，是现代植物界中最高等、种类最

被子植物又称为有花植物或雌蕊植物，与高等植物中不形成真花和具有颈卵器的其他类群相区别，是现代植物界中最高级、最繁茂和分布最广的一类。被子植物的种类繁多和广泛的适应性是与它复杂完善的结构和生理过程密切相关的。它们的特征可以概括如下：具有真正的花；具有雌蕊，形成果实；具有特殊的双受精现象；孢子体进一步发达和分化；配子体进一步退化；主要的营养方式是自养；传粉方式多样化。

被子植物——梨

丰富的一大类群。它们不仅有了种子，而且还有了果实。它们的生命力更强，适应环境的可塑性增加，这些都促使被子植物繁荣和发展。到了中生代后期，地球上的植物已经接近于现代植物的面貌了。被子植物不是逐渐地排挤了裸子植物，而是急速地由一个植物群替代另一个植物群。

这种急速的替代到现在还是一个谜。有些学者提出，其原因可能是由于当时地球上生存条件发生了急速变化。例如，包围着地球的云层散失，太阳光直射到植物的叶子上，气候变得较干燥等。而裸子植物和蕨类植物比较适应于潮湿气候和较浓的云层下生活，它们不能很好地适应这种不良环境，许多种类便归于衰亡绝迹。

被子植物比裸子植物更为优越。它们有真正的花朵。胚珠不再裸露，而着生在子房内。胚珠将发育成为种子，子房就发育成为果实。它们有发达的导管和根系。从乔木、灌木演变而成多年生或一年生的草本被子植物，它们的个体生命虽然很短暂，但能在干旱或严寒来临以前便开花结籽，在短暂的时间内完成其生命周期，也就保证了它们的繁衍。

被子植物创造了新型的、多种多样的类群，它们对哺乳动物的蓬勃发展起着重要的作用，对鸟类和昆虫的进化，作用也是明显的。反过来哺乳类、鸟类和昆虫的进化，又为被子植物的传粉、果实和种子的传播起到了促进作用。

被子植物是由什么植物进化而来的？

小问题

植物的花是通过何种方式来授粉的？

生长在地球上的植物种类非常繁多，寿命也有长有短，短的只有几天，长的则可以活几千年，所以差别很大。比如我们常用来做为长寿象征的松柏的寿命可达数千年，而在沙漠地区雨后生长的植物则会在几天时间内完成它们的一生。

大多数植物用开花结子的方式来延续后代。根据植物种类不同、开花结子的次数不同，人们将植物分为一年生植物、二年生植物、多年生植物等多种类型。

世界上有无数的植物，这些植物生活在我们身边，与其他生物一起构成了丰富多彩的世界。在植物当中最常见的要数开花植物了。

在繁多的植物种类中，开花植物占有很大比例。这些植物尽管外观不同，但生长方式却大多相似。植物的一个生命循环包括种子阶段、萌芽阶段，然后逐渐长大，直至开花结籽。

为了长出种子，雄蕊上的花粉必须移动

蝴 蝶 兰

到雌蕊上，称为授粉。草及树木的花粉数量很多，重量很轻，容易被风带走；美丽的花朵由于有鲜艳的颜色及香甜的花蜜会吸引虫类前来传播花粉；在热带地区，也有一些鸟媒植物，它的花粉靠鸟类（如蜂鸟）传播。

在植物生长的过程中，它们需要大量的养分以维持根、茎、叶的生长。阳光、水、空气、土壤等都是植物生长所需的环境条件。在这些条件的共同作用下，植物通过光合作用产生所需的养料。当植物开花后，颜色鲜艳或气味芬芳的花朵更易吸引昆虫前来授粉，而不同的果实又借助不同的特点来完成播散种子的工作。当果实及种子成熟后，它们必须被播散得很远,否则同一片土地上就会有太多的植物生长竞争。自然界中植物家族的成员既互相合作又互相竞争而得以生存。

雄蕊亦称"小蕊"。被子植物花内产生花粉的花叶,相当于蕨类植物和裸子植物的小孢子叶。它一般由花丝和花药两部分组

向日葵的人工辅助授粉方法

1. 用纸箱板剪成跟花盘同样大的圆盘,垫上棉絮使中央部分稍凸,用绒布或纱布包起来,背面扎一个把手即成花粉扑。

2. 当向日葵开花时,选一个晴朗的早晨进行授粉。授粉时,一手执带花粉的授粉扑,一手握住花盘,用授粉扑按住花盘稍施压力并轻轻扑几下,让花粉落到柱头上,以增加雌蕊受精机会。

3. 人工辅助授粉要连续进行两三次,第一次在花盘有半数花开放时,第二、第三次在花盘中央的花开放时。

4. 等开花后 30~40 天,果实成熟时,把经过人工辅助授粉的植株和没有经过人工辅助授粉的植株所结果实作对比,可以看到前者果实饱满,很少秕子。

向 日 葵

成。花药膨大如同一个囊，位于花丝的顶端，花药分成两个药室，每一药室又具有一两个花粉囊，花粉囊装的就是花粉了。就一朵花而言，它的所有雄蕊总称为雄蕊群。雄蕊群中雄蕊的数目和形态因植物的种类而异，例如薄荷的雄蕊群有 4 枚雄蕊，两长两短，人们称它为"两强雄蕊"；油菜有 6 枚雄蕊，四长两短，特称"四强雄蕊"。按照雄蕊间是否连合的特点，又分为单体雄蕊（如草棉）、双体雄蕊（如蚕豆）、多体雄蕊（如金丝桃）和聚药雄蕊（如菊花）等类别。

植物有哪几种传播花粉的方式？

小问题

植物，天生的野外生存专家

　　植物广泛地分布在地球的各个角落，但就植物的种类而言，它的分布却极不均匀。大多数的植物种类分布在很小的范围内。

　　大多数植物的生长需要阳光、空气，需要在某个地方扎根，所以不能生活在水中。地球71%的表面被水覆盖，而水生植物却只占植物种类的一小部分。

　　植物的生存是需要水分的，陆地上的植物利用根系从土壤中吸收水分。不同地区水分的获取也难易不同，这就造成了不同地区植物的形态及生活方式也不尽相同，所以植物的种类在地区分布上有很大的差别。

　　植物生长所需的热量是不同的，但大多数的植物都要在适宜的环境温度下生存，能够忍受炎热、干燥或寒冷条件的植物毕竟是少数。

　　不同的地区，土壤的组成也是不同的，因此不同地区生长着属于自己地区的不同植物群体。如此看来，气候、水分、温度、土壤等条件的不同，造成了不同地区植物分布的差异。

针 叶 林

　　热带雨林气候闷热、空气潮湿，终年如此，没有明显的四季变化，因此植物的种类也繁多。

　　由于植物种类的纷繁，热带雨林的植物几乎无法分清层次。在争夺生存空间的长期过程中，不同植物形成妥协，它们分层生长、立体地发展。树木、爬藤、灌木各自占据着自己的位置。热带雨林的树木一般比较高大，叶子宽阔而多裂为小的叶片。枝叶是适应环境之所需，因为这样既可以让阳光穿过照射到地下，又能防暴雨的破坏。相对来说，地表的植物，得到的阳光较少，发展的机会也较少。有些植物就依附在其他植物上直接吸收其他植物的养料。

　　热带雨林的植物是这样生存的。那阔叶

林和针叶林呢？

　　落叶阔叶林生活在夏季温暖而冬季不太冷的地区，需要每年较有规律的降水。根据土壤类型的不同，阔叶林有时一片树林包括一种树木，有时包括几种树木。树木的种类由土壤类型决定。多数阔叶落叶林在一年中落叶一次，持续几个月时间。而在林中的小植物由于怕树木挡住阳光，在春天开始就要完成开花结子的过程。

　　针叶林的叶子如针一样，这种结构可以减少水分的流失、抵御寒冷。针叶林由松柏及其他植物组成，它们并不受寒冷的影响而

　　常绿阔叶林中树木的种类比热带雨林要少，但优势种类则要明显得多，壳斗科、樟科、山茶科、木兰科和金缕梅科等是常绿阔叶林中的主要树种。典型的常绿阔叶林中的树木通常具有樟科植物的特征，叶片革质全缘、表面光亮，叶面常迎向阳光照射的方向，因此，常绿阔叶林又有照叶林之称。

植物朋友 ZHIWU PENGYOU

小知识

山地阔叶林里的毛绒杜鹃

每年落叶，一般生长在北方及高山上。它们一般比较高大而且树干笔直，在林中分散生长，所以林中有足够的日照。也因为如此，在天然针叶林中往往有一些小型树木生长。

阔叶林和针叶林分别分布在中国哪些省份？

小问题

哪里的草能长到4米高？

　　美丽的温带草原是在温带大陆性气候下发育的，它以多年生低温旱生丛生禾草植物占优势的草本植物群落为主。植被中禾本科、豆科、莎草科植物占有优势，菊科、藜科和其他杂类草也占有重要的地位。

　　在禾本科植物中，以丛生禾草针茅属最为典型。不同种类的丛生禾草针茅在不同的草原中起着重要作用。为了适应干旱的生活

鸭　跖　草

环境，草原植物练就了一身本领，它们的叶面积缩小，叶片内卷或气孔下陷以减少水分蒸腾－根系发达以便吸收地下水分和抵御强风。

温带草原季相明显，春末夏初一片葱绿，秋初枯黄。温带草原在世界上分布面积较广，在亚欧大陆上，分布于欧洲东南部，向东延伸经中亚、蒙古，至中国的黄河中游、内蒙古与东北，全长约 8000 千米，被

中国草原以温带草原为主，其主体部分分布于内蒙古高原及其邻近的低山丘陵地区，海拔 1000～1200 米，地势平坦辽阔，向北与蒙古高原的同类草原相连；东端包括松辽平原的大部分，海拔 120～500 米，地势低平；西南部包括陇中、陇东黄土高原及陕北、晋西北黄土高原的一部分，海拔 1500～2000 米，地形以黄土丘陵和低山丘陵相互交错为主要特征，这里由于农业开垦的历史悠久，草原的自然面貌已被农业景观替代。

植物朋友 ZHIWU PENGYOU

生长在沙漠中的植物——针茅

称为欧亚草原区；在北美大陆中部和南美阿根廷温带草原（潘帕斯草原）均为南北向的宽带分布。温带草原区的土壤以黑钙土、栗钙土为主。

　　草原在各地的叫法不同，比如非洲的草场及大部分南美平原属于热带草原，北美草原为温带草原（这是按照气候条件来分的），但它们大都分布于大陆的中部。

　　草原地区的降水很少，所以导致树木无法生长，只有草类生长，人们对森林的砍伐也会使森林退化成为草原。根据环境条件的不同，草原植物的生长状况也有所不同，草

金 合 欢

的高度从几厘米到三四米（比如，非洲草原的大象草有 4 米高，而温带草原的草只有几厘米），种类上也各不相同，构成了一个丰富的生物环境。

温带草原有什么特征？

小问题

植物在沙漠和高原的恶劣条件下是如何顽强生长的呢？

　　沙漠给人的印象是死气沉沉的，但即使在这样的环境下，也有植物生长。沙漠气候炎热而干燥，沙土中缺乏养分，被人们称为"生命禁区"，但顽强的生命总有办法突破禁区求得生存。

　　有些沙漠地区一年中的总降水量只有几毫米。沙漠中仅有的水分来源于极少的雨水及露水，以及土地深处的地下水。为维持生

雪　莲

在沙漠的恶劣环境下也有植物在顽强地生长

存，沙漠植物必须想方设法地获取并保持水分。当有水分时沙漠植物会突击发芽，在几小时到几天的时间里，完成开花结子的生命全过程。

高原上生存的植物种类也不多。高原上面的土壤不仅没有雨水冲刷带来的养料，反之养料常常会流失。这样，高原通常会很贫瘠。在冬季，高原植物会被积雪覆盖，还不得不抵御狂风的侵袭，所以，高原植物长得矮小是合乎时宜的，有些还尽可能贴近地表生长，以躲开风的袭击，并更有效地从地表得到热量，维持生命的延续。

大多数高原植物也长有很长的根系，它们深深插入岩石的缝隙，吸取养分并固定自己。常见的较著名的高原植物有雪绒花、三中国将高原的雪莲花视为神奇的药材。在自然条件下，雪莲一般生长在天山海拔4800～5800米的冰碛石、流石滩石隙、高山草甸上，生态环境极其严酷，自然生长期为7～8年，最后一年开花结种。在自然繁殖状态下，其种子的出苗率不足3%。其人工驯化和种植更被人视为畏途。早在20世纪80年代初，雪莲就已被国务院列为国家三级保护植物。

　　雪莲特殊的药用价值中蕴涵着巨大商机，众多商家趋之若鹜。疯狂的采挖使珍贵的雪莲资源面临灭顶之灾。

　　雪莲为什么能适应严酷的高山环境呢？这是它长期在高山寒冷和干旱的条件下形成的特性。雪莲的细胞内积累了大量的可溶性

　　雪莲是菊科凤毛菊属雪莲亚属的草本植物。它生长在海拔4800～5800米的高山流石带以及雪线附近的碎石间。该亚属的植物有20余种，绝大部分分布在中国青藏高原及其毗邻地区。

垂头雪莲

糖、蛋白质和脂类等物质，能使细胞原生质液的结冰点降低，当温度下降到原生质液冰点以下时，原生质内的水分就渗透到细胞间隙和质壁分离的空间内结冰。而原生质体逐渐缩小，不会受到损害。当天气转暖时，冰块融化，水分再被原生质体所吸收，细胞又恢复到常态。奇特的高山植物——雪莲就是靠这种抗寒特性，生存于高寒山区。

你对中国青藏高原的雪莲花有哪些新的认识？

小问题

冻土带与荒原中有植物的身影吗？

冻土带是指北冰洋附近寒冷而贫瘠的土地，主要分布在欧亚及北美的最北端，气候恶劣，土壤贫瘠，最高温度不超过10℃，最低温度可达 –40℃或更低。

冻土带的环境恶劣，一年中只有很短的时间有适宜生长的温度和日照，冻土带的植物因此生长得很慢。在冻土带环境中最常见的植物要数地衣和苔藓了，除此之外，还有一些矮小的植物如矮柳也可以生存。

地　衣

荔枝与地衣

　　地衣有时候会破坏荔枝的生长。它们以假根附在叶片和枝干上，吸收水分和养分，致使荔枝、龙眼生长不良，树势衰弱，严重时导致部分枝干或叶片枯死。

　　科学家发现，地衣是冻土带最具生命力的植物。在南极大陆的绿洲和时有冰雪覆盖的露岩区，甚至在内陆离南极点只有几个纬度的岩石表面上，都有地衣的踪影。地衣的形态各异，有的像金丝菊，有的像松针，有的像海石花……它们的叶面和躯干上长有黑色斑点，整体看起来有灰白色、褐色、古铜色等，个头大的有 10 ~ 15 厘米高，小的仅几毫米。

　　地衣与藻类共生，是一种复合植物体。第一次看到地衣的人，往往误以为它是一簇枯枝烂叶，而实际上它却是不折不扣的生命。地衣的假根能分泌地衣酸，溶解岩石，从中汲取营养，同时固定自己。地衣那坚固的表

皮能抵御低温、强风及干燥引起的水分蒸发，并能顺利地为自己构成像藻类一样的供水系统，从而维持地衣的生命。在中国南极长城站附近地区，地衣漫山遍野，密密麻麻，种类多达70余种，可说是地衣的世界。

按照生长形态，地衣可分为壳状地衣、叶状地衣和枝状地衣。它们生长在岩石、树干或地上，特别耐旱、耐瘠、耐寒，被称为"植物界的开路先锋"。

荒原多由沙土构成，主要分布在欧洲，水分极易流失，常年干燥。荒原植物以石南属为主，除此之外欧洲蕨、松树、桦树等也可以在这种地带存活。同时，地衣也是这一地带常见的植物。

在恶劣的环境下植物为什么还能生存下去？

小问题

沼泽，苔藓的乐园

在沼泽地带，土壤水分几乎达到饱和，并有泥炭堆积，生长着喜湿性和喜水性沼生植物。由于水多，沼泽地土壤严重缺氧，在厌氧条件下，有机物分解缓慢，呈半分解状态，最终形成泥炭。泥炭吸水性强，致使土壤更加缺氧，物质分解过程更缓慢，养分也更少。这真是一个特殊循环的奇怪地带。

既然地下缺氧，沼泽植物的地下部分就不必发达，它们的根系常露出地表，以适应缺氧环境。沼生植物有发达的通气组织，有不定根和特殊的繁殖能力。

林间沼泽

苔藓与地衣

苔藓的生长比地衣需要更多的水分，因此，它的种类没有地衣多，分布也没有地衣广。在相对温暖的沿海区域、冰雪融化能提供充沛水源的区域，有大面积的苔藓生长。例如东南极洲的威尔克斯地和南极半岛的西海岸就是如此。南极大陆周围的岛屿上分布更为广泛。苔藓的营养主要来源于鸟粪和岩石风化物。

一般来说，沼泽可以分三类：第一类是木本沼泽，主要分布于温带，有乔木沼泽和灌木沼泽之分，优势植物有杜香属、桦木属和柳属。第二类是草本沼泽，类型多，分布广，优势植物有苔草，其次有芦苇、香蒲。第三类是苔藓沼泽，又名高位沼泽，优势植物是泥炭藓属。中国的沼泽主要分布在东北三江平原和青藏高原等地。就世界范围看，俄罗斯的西伯利亚地区有大面积的沼泽，欧洲和北美洲北部也有分布。

提到沼泽，人们往往联想到危险，但其实只有少数沼泽像流沙一样会使经过的人或

有些草甸沼泽可以放牧牛羊

动物陷入。沼泽是陆地上潮湿闷热的地区，因降水量大且不能排放而形成的。大部分沼泽并不危险。

　　沼泽由泥炭组成，这种物质来源于没有完全分解的死亡树木，它们呈酸性，所以沼泽都呈酸性，大部分植物不能在其中存活。在一片沼泽中，往往只有少数几个植物物种生存。沼泽中最常见的植物是泥炭苔藓，这种植物常被用来提取绘画原料。泥炭沼泽可以将古代动植物的遗迹保存下来。在丹麦发现的人类遗迹在泥炭沼泽中已经完美地保存了1500年呢。

为什么沼泽总是缺氧？

小问题

第二篇
趣味植物

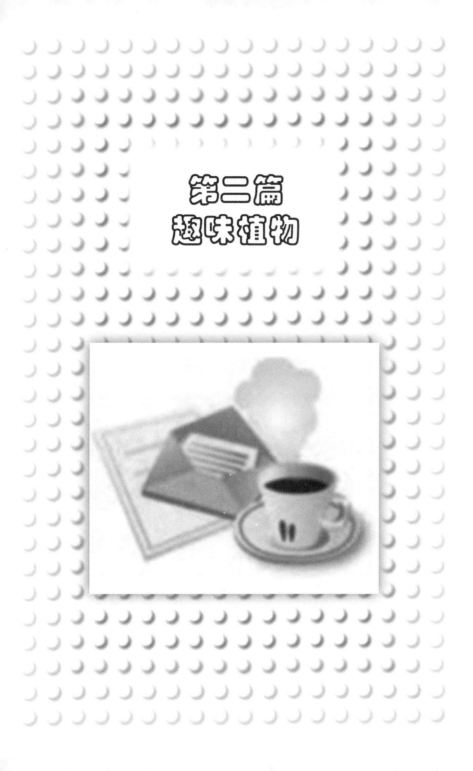

最大的葡萄树和最老的荔枝树

现在世界上最大的葡萄树，是英国1891年栽的一株。它的树冠覆盖面积达460多平方米，最长的枝条有90多米，茎的直径达17厘米。据统计，到1963年的73年里，从这棵树上采摘的葡萄，共有10万余果穗，平均每年结1370个果穗。如果每个果穗以2千克计算，一年可收2740千克。

葡　萄

泸州市纳溪区合面镇双凤村一株400岁的古荔枝树在歇果多年以后，2003年又挂果100多千克。

这棵荔枝树长在双凤村的一座叫净禅寺的古庙内，树高10米左右，树干直径约1米，树冠直径达10米。据树主介绍，这棵古荔枝树虽然一直枝繁叶茂，但多年来都只是稀疏地挂不了5千克果子。所结果子属晚熟品种，味道甘美，清香诱人。据了解，如此高龄的荔枝树已属罕见，又能挂果100余千克，更是稀奇。

在中国福建，有一棵唐朝栽的古荔枝树，名叫"宋家香"，已有1200多岁了。这棵老树至今仍生气勃勃，枝繁叶茂，果实累累。它不仅是最老的荔枝树，也是世界罕见的高龄多产果树。

在漫长的岁月里，"宋家香"经受了严寒、飓风和烈火等的摧残和考验，多次衰败下去，而又复壮起来。一般年景能采荔枝50多千克，丰产年可收176千克，真是老当益壮。

荔 枝 树

　　"宋家香"素来以果实品质优良而闻名。它的果皮呈鲜红色，薄而脆，单个果子重12~14克，吃起来脆滑无渣，甜香可口。经过分析，果肉含糖12.15%，含果酸0.9%，还有大量的维生素 C，果实品质比其他所有的品种都好。

1903 年和 1906 年，美国传教士引入"宋家香"的树苗，在美国试栽成功，并推广到南部各州及巴西、古巴等地。现在美国等国所种的荔枝，可以说都是"宋家香"的子孙后代。

中国荔枝传到美国后，深受美国人民的欢迎，称它是"果中皇后"。"宋家香"这棵千年古荔，已被列为福建省莆田县重点保护文物了。

小问题

你能说出几个关于荔枝的故事吗？

最轻的树和最硬的树

世界上最轻的树木名为巴沙木,它是一种中等高度的常绿乔木,原产中南美洲,分布在一些热带国家。现在中国也引种了这种树木。据测定在木材含水量达6%时,每立方厘米只重0.1克,世界上最重的铁力木比它重30倍。二者相比,巴沙木真可以用"轻如鸿毛"来形容了。不过,虽然轻,但它的用途却不少。很久以前,巴沙木原产地的居民就用它做木筏,往来于岛屿之间。中国用它做保温瓶的瓶塞。

巴沙木的物理性能良好,有隔音、隔热等特性,工业上可作为特种材料,用巴沙木制成的夹心板,是航空、航海、建筑、冷藏车等的重要材料。它生长很快,平均每年直径增长可达40厘米,是一种热带的速生树种。因此巴沙木的引种在林业生产上具有重要的意义。

巴沙木四季常青,树干高大,叶子像梧桐,五片黄白色的花瓣像芙蓉花,果实裂开像棉花。20世纪60年代起,中国在广东、福建等地广泛栽培,并且长得很好。

树的家族真是奇材辈出。谁会想到会有一

铁力木是所有木材中最重的，每立方米竟然重达 1122 千克。它是一种利用广泛的优质木材，质地坚韧，不易变形，抗腐耐磨，可用于机械、乐器、工艺品制造及建筑等。由于它的横截面在空气中容易变黑，人们风趣地称它为黑心木。

种比钢铁还硬的树呢。可是这种树确实存在，它叫铁桦树。一般的子弹打在这种木头上，就像打在厚钢板上一样。

这种珍贵的树木高约 20 米，树干直径约 70 厘米，寿命为 300 ~ 350 年。它的产区不广，主要分布在朝鲜南部和朝鲜与中国接壤地区，俄罗斯南部海滨一带也有一些。

铁桦树的木质坚硬，比橡树硬三倍，比普通的钢硬一倍！真可谓木材中的装甲部队。人们完全把它用作金属的代用品。苏联曾经用铁桦树制造滚球轴承，用在快艇上，不过对它的加工可要费很大的劲。

铁桦树质地极为致密，所以一放到水里就往下沉，完全打破了木头漂在水面的惯例；即使把它长期浸泡在水里，它的内部仍能保持干燥呢！

在你生活的地区有巴沙木这种树吗？

小问题

植物朋友 ZHIWU PENGYOU

69

谁是最长寿的树？

俗话说："人生七十古来稀"，人活到百岁就算长寿了。但是人的年龄比起一些长寿的树木来，简直微不足道。

许多树木的寿命都在百年以上。杏树、柿树可以活一百多年。柑、橘、板栗能活到三百多岁。杉树可活一千多岁。南京的一株六朝松已有1400年的历史了，但是，它还不算最老。曲阜的桧柏还是2400年前的老古董呢。中国最古老的红桧，竟有三千多年的历史。这是中国目前存活寿命最长的树，但还算不上世界第一。

世界上最长寿的树，要算非洲西部加那利岛上的一棵龙血树。五百多年前，西班牙人测定它的树龄在 8000～10 000 年。这真是世界树木中的老寿星。可惜在1868 年的一次风灾中被毁掉了。

龙血树是常绿的大树，树身一般高 20米，基部周长却有 10 米，七八个人伸开双臂才能合围它。这种树流出的树脂呈暗红色，是著名的防腐剂，当地人称为"龙之

植物朋友 ZHIWU PENGYOU

龙 血 树

血"，故名为龙血树。

　　龙血树生长在热带和亚热带地区，别名
"不老松"，树龄可长达 8000～10 000 年，是
地球上最长寿的树。中国最先于西双版纳发
现了这个树种，从而填补了我国中药材资源
上的一项空白。

　　龙血树是珍贵的药用植物，是配制活血
良药"血竭"的主要原料。血竭曾被推崇为
"活血圣药"，具有活血化瘀、消炎镇痛、收
敛止血、生肌敛疮的功能。历史上是从"大

食诸国"（今中东及阿拉伯各国）沿丝绸之路进入中国的。

　　龙血树属百合科，乔木状，高21米，分布于海南岛西南部，生于背风区的干燥沙土上，是国家三级濒危物种。龙血树的生存环境十分多样化，生存能力也很强。据当地人介绍，即使你把龙血树上的任意一处枝干砍下来，只要培育得当，枝干也能长成大树。

　　当你走向大森林时，远远便可看到"禁止烟火"的木牌子。因为树木容易着火，星星之火，可以烧毁大片森林。但是，在中国南海一带，生长着一种叫海松的树，用它的材质做成烟斗，即使是成年累月地烟熏火烧，也烧不坏。当你用一根头发绕在烟斗柄上，用火柴去烧时，头发居然烧不断。因为海松的散热能力特别强，加上它木质坚硬，特别耐高温，所以不怕火烧。

植物朋友 ZHIWU PENGYOU

海 松 树

小问题

海松为什么不怕烧？

巨杉为何能够如此长寿和粗壮？

巨杉是世界上体积最大的树。地球上再也没有体积比它更大的植物了。巨杉为何能够如此长寿和粗壮？这是科学家一直感兴趣的课题。

巨杉拥有一个广阔而畅通的营养运输系

巨　杉

统。它的树根入土不深，但伸展很广，特别是在半米深左右，根系十分发达，能从营养最丰富的地层吸取水和无机盐。

皮厚是巨杉超越其他植物的一大特点，它的树皮厚度堪称世界之最。几百年以上的大树的树皮，平均在30厘米，最厚可以超过60厘米。这是巨杉长寿的一个重要原因。

巨杉的厚皮还有一个特点：随着树干的粗壮，它可以有规则地纵裂成一条一条很深的沟，这样就保证了树干能有不断生长壮大的余地。

巨杉的抗灾能力十分突出。它的树体中含有防虫、防真菌的化学物质。而且，巨杉的树皮那么厚，几乎不含可燃的树脂，却富含不

巨 杉

常绿大乔木，高可达100多米，胸径可达10米，树龄可过3000年。叶鳞状钻形。球果椭圆形，下垂，第二年成熟，种子两侧有宽而薄的翅。原产美国加利福尼亚。木材可供建筑等用，也是观赏树。抗火灾能力也可以称得上天下第一。

植物朋友 ZHIWU PENGYOU

巨杉林充满了诗情画意

怕火烧的海绵质。所以一场野火过去，很多植物化为灰烬，而巨杉却得天独厚，火不仅没有伤害它，而且帮它清除了竞争对手，赢得了生长空间，丰富了地面营养，增强了抗疫能力。

其实，许多巨杉的死亡不是由于衰老，而是因为树体太高太重，最后倾倒所致。而造成倾倒的原因是狂风暴雨、雪压树冠、蚂蚁造窝、水土流失以及这些因素的综合。所以有人认为，如果排除这些客观因素，巨杉可以活到5000~6000年，甚至1万年。

巨杉到底能活多长，现在还是一个谜！

你看到过最大的树有多大?

小问题

独木能成林吗？

　　"独木不成林"是句很富哲理的古语。但世间的事却并不像人们想象的那么单调，独树虽然不会成为茫茫林海，但某些树木却会塑造出"成林"的奇观。一棵独树生长出许多"树干"形成一片林景，这类林景在西双版纳到处可见。

　　"独树成林"的树木主要是桑科乔木榕树。这种树木生长迅速，植株粗壮，树冠

榕树独木成林的壮观景象

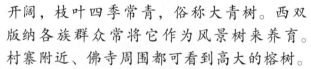

榕　树

开阔，枝叶四季常青，俗称大青树。西双版纳各族群众常将它作为风景树来养育。村寨附近、佛寺周围都可看到高大的榕树。

　　榕树有40多种，很多榕树都会生长气生根，树干高大的榕树的气生根尤其发达。榕树形成粗大的分枝以后，向四周伸展的主枝上便开始生发飘飘悠悠的气生根。刚刚长出来的气生根如麻线粗细，成百上千地吊在粗大的树干上，形成一道帘幕，被人们誉为"树帘"或"根帘"，被作为一种风景观赏。

榕树的气生根一边向下延伸，一边变粗。气生根一旦扎入泥土便不再生长，只会长粗。它上端从母树上获得养分，下端从土壤中吸收营养，迅速长大。如果不受损害，不用几年时间便会长成为粗大、笔直的支柱根，像树干般立于土地和主枝之间。榕树的分枝越开阔，气根越发达，扎入泥土后形成的支柱根就会越多。当老树周围布满粗细不等的支柱根以后，独树盘踞的地面上便出现了"成林"的景观。

榕树塑造的"独木成林"的景象，在

榕 树 籽

景洪、勐海、勐腊都有分布，但名声最响的是生长在昆洛公路上的那株高榕。这株高榕株高28米，树龄已有二百多年，主干直径有1米左右，干上长有两条粗大的主枝，斜伸向左右两侧。主干与主枝上已有大小不等的30多条气生根扎入泥土，相互粘连，形成了若干粗大的支柱根分排在主干两侧，一眼望去恰似一片树林。这株"成林"高榕，长于新开辟的开发区内，又在西双版纳的旅游"热区"，因此比其他"成林"榕树出名。它的名字，据说已载入《云南古树名录》。

　　榕树为常绿大乔木，树干生气根，下垂入土而成新的枝干，藉此构成巨大的树冠；叶卵形；隐头花序生于叶腋，扁球形。分布于中国浙江、江西以南各地。根、叶、树汁可供药用。木材轻软，褐红色，供制器具、薪炭用。榕树为行道树或绿化树种。

榕 树 的 根

小问题

榕树的根有什么特点？

最大的花有多大？

池塘里的浮萍，花朵最小，直径不到 1 毫米。桃花直径 2~3 厘米，玫瑰 6~8 厘米，玉兰花 10~18 厘米，花王牡丹 20~30 厘米。

世界上最大的花生长在印度尼西亚苏门答腊热带森林里，它叫作大王花，直径达 1.4 米，几乎像我们吃饭的圆桌一样大。它有 5 片又厚又大的花瓣，外面带有浅红色的斑点，每片花瓣长 30~40 厘米。一朵花有 6~7 千

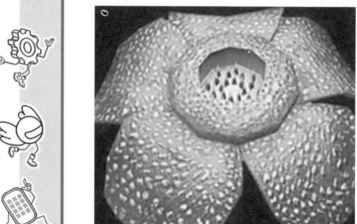

大王花的花

浮萍叶状呈倒卵形、椭圆形或近圆形，长1.5～6毫米，两面平滑，绿色，根1条。紫萍也称紫背浮萍，叶状呈倒卵状圆形，长4～10毫米，单个，或2～5个簇生，下面紫色，根6～11条，可供药用，具有发汗、利水、消肿、散湿等功效，也为良好的猪、鸭饲料和稻田肥料。无根萍是已知种子植物中最小的，叶状体长仅1.2～1.5毫米，宽不及1毫米，漂浮水面，无根，生长最盛时，每平方米面积可有植物体100万个，在静水池塘中往往密盖于水面，是养育鱼苗的好饲料。

克重，花心像个面盆，可以盛5～6升水。

大王花寄生在像葡萄一类的白粉藤根茎上。这种古怪的植物，本身没有茎，也没有叶，一生只开一朵花。花刚开的时候，有一点儿香味，不到几天就臭不可闻。所谓顶风也能臭十里路，这种臭味让路过的人都避得远远的。所谓物以类聚，在自然界里香花能招引昆虫传粉，可是像大王花那样的臭花也同样能引诱某些蝇类和甲虫为它传粉。

大王花长得巨大，可是没有根、叶、茎，不能进行光合作用。那么，它的养料是从哪儿来的？

原来，大王花是异养植物，它需要的养

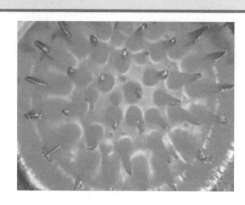

大王花的花心

分全来源于别的植物。大王花把它的一种类似蘑菇菌丝体的纤维深深扎进葡萄科植物白粉藤的木质部，贪婪地吸取白粉藤的大量养料，维持庞大的躯体生长。所以大王花可以说是不劳而获的超级大臭花！

　　大王花的种子极小极轻，比罂粟籽还要小。那么小的种子是如何"挤"进白粉藤坚硬的茎干里去的呢？这个问题到现在还是个谜。一些人认为这是野猪和鹿蹭痒痒时蹭破了藤子，让大王花的种子有隙可钻；有人则认为是松鼠像兔子啃嫩茎那样咬破了白粉藤的树皮；还有些人认为缝隙是蚂蚁和白蚁造成的。

　　关于大王花，需要研究的还有很多呢。

白粉藤有何药用功效？

小问题

为什么人们总是感叹花开短暂？

在自然界里，有千年的古树，却没有百日的鲜花，这是什么道理呢？因为，花儿都是比较娇嫩的，它们经不起风吹雨打，也受不了烈日的暴晒，因此，花的寿命都是比较短促的。例如：玉兰、唐菖蒲等能开上几天；蒲公英从上午7时开到下午5时左右；牵牛花从上午4时开到10时；昙花从晚上八九点钟开花，只开三四个小时就萎谢了。所

白 玉 兰

谓"如花美眷，似水流年"，古人常常借花开短暂来感叹人生青春的短暂。

大家可能都以为昙花是寿命最短的花，其实不然。南美洲亚马孙河的王莲花，在清晨的时候露一下脸，半个小时就萎谢了。其实，它还不是寿命最短的花，小麦的花只开5分钟到30分钟就谢了。

短命植物大多生长在寒冷的高原上或干旱的沙漠中，它们为了在严酷、恶劣的环境中生存下去，经过长期的自然选择，"锻炼"出了能够迅速生长和迅速开花结果的本领，这是对其生长环境的巧妙适应。在严寒的帕米尔高原上，生长着一种叫罗合带的植物。由于那里的夏季很短，因此在每年6月份，当刚刚有点温暖时，它就开始发芽生长，一个多月后仅长出两三条枝蔓，就赶忙开花结果，在严寒到来之前，便匆匆完成了短暂的生命过程。

大多数草本植物，出苗后在当年开花或隔年开花，如水稻、玉米、棉花是当年开花，小麦、油菜是隔年开花。

棉　花

　　在非洲撒哈拉大沙漠里，生长着一种植物叫木贼，因为那里干旱、少雨，所以在降雨后 10 分钟它就开始萌动，10 个小时后，即可钻出土壤而茂盛地生长起来，整个生命周期只有两三个月。

　　在沙漠里还生长着一种黄草，从发芽、生长到死亡，仅一个月左右的时间，便走完了生命的旅程，真可谓是典型的短命植物。它的生命周期真是太短促了。生长在沙漠中有一种叫短命菊的，出苗以后几个星期就开花结果，完成了生命周期。

SHAONIAN KEPU REDIAN

蒲 公 英

世界上寿命最长的花要算生长在热带森林里的一种兰花了，它能开80天。和那些短命的花比起来，真可谓花中寿星了。

小问题

观察一下，你身边哪一种花的寿命最长？

花的颜色和什么因素有关？

　　传统的天然色素的来源非常广泛，包括植物色素、动物色素和微生物色素。由于很多的蔬菜、水果和香辛料都具有种类繁多的天然色素，因此植物色素是天然色素的主要来源。来自植物的天然色素主要包括花青素、叶绿素、姜黄素、甜菜红以及类胡萝卜素等种类。

桃　花

花青素广泛存在于植物界，它能够呈现红色到蓝色的多种色素，人类提取花青素的主要来源是葡萄皮，每年在欧洲就有1万吨的葡萄皮被用来提取花青素，能够获得大约50吨的花青素成品。不过由于花青素会随着pH值的不同而发生变色，因此一般主要用于清凉饮料、蜜饯、糖果等食品当中，也可以把酸性的发酵乳调成蓝莓的颜色。

桃花红，梨花白，如果不注意的话，可能会以为从花开到花落色彩都没有什么变化。

木 芙 蓉

金银花主产于湖南、山东、河南等省，四川、贵州、广西、江西、江苏等省区也有分布，以湖南的"山银花"、山东的"济银花"、河南的"密银花"质佳量大而著称。

但实际上花卉的颜色却变化多端。金银花初开时色白如银，过一两天后，色黄如金，因此人们叫它金银花。樱草在春天20℃左右的常温下是红色，到30℃的暗室里就变成白色。八仙花在一些土壤中开蓝色的花，在另一些土壤中开粉红色的花。杏花含苞的时候是红色，开放以后逐渐变淡，最后几乎变成白色。

　　颜色变化最多的花要数"弄色木芙蓉"了。它的花初开的时候是白色，第二天变成了浅红色，后来又变成了深红色，到花落的时候又变成紫色了。真可谓色彩的魔术师！

　　花儿色彩的变化，看起来的确非常玄妙，但其实说到底，都是花内色素随着温度和酸碱浓度的变化所玩的把戏。不过，人们现在还没有完全搞清楚其中的具体变化机制。

颜色多变的八仙花

小问题

你还能说出会变色的花的例子吗？

"最臭的" 开花植物也能当草药吗?

人们常用"芳草香花"等句子来赞美自然界的花草树木。其实，在绿色植物里，臭花、臭草也还是不少的。植物书上用"臭"字命名的不下几十种。例如：臭椿、臭梧桐、臭娘子、臭荠、臭灵丹、臭牡丹……有些植物虽没用臭字命名，但包含着臭的意思。例如鸡矢藤、鱼腥草、马尿花……这许

鱼 腥 草

许多多含有臭味的植物，究竟哪种最臭？这只能靠我们的鼻子去鉴别。

当我们走到臭梧桐树下，并不觉得有臭味。要是摘一片叶子，弄碎闻一闻，就有一股臭味。假若你走进鱼腥草的草丛中，立即会闻到腥臭味。如果再用手摸它一下，一小时之内臭气也难以消掉。

这两种植物虽臭，但都是很好的药草。臭梧桐可治高血压。鱼腥草喜温暖湿润气候，多野生于田埂、沟边及背阳山地草丛中，亦有蔓生。生长的适宜温度为 15～25℃，较耐寒，地下根茎在气温低至 -15℃ 时仍能安全越冬。喜肥沃、疏松、水分充足的土壤条件，但也耐阴、耐瘠薄，在中国，适宜西北、华北、华中及长江以南各地栽种。鱼腥草虽臭

假韶子属为热带属，中国有两种，分别产于海南和云南，对研究中国热带植物区系有一定科学价值。木材红褐色，材质坚硬，甚重，为精工用材，能耐腐，不受蛀，木材适合做梁、柱、门窗等建筑用材。

臭梧桐叶

但它是治疗肺炎的良药。

热带有一种有名的水果叫韶子，闻闻有恶臭，但吃起来味道极美。在中美洲的森林里，有一种植物叫天鹅花，也叫鹅花或鹈鹕花，看上去很脏，它的臭味很像腐烂的烟草，猪吃了马上会死去，没有吸烟习惯的人最怕闻这种臭味。

在苏门答腊的密林里有一种巨魔芋，当它开花的时候，臭得像烂鱼一样。而大王花的臭味很像腐烂的尸体。烂鱼确实难闻，烂尸体更使人恶心。因此，最臭的植物，公认是大王花。说也奇怪，这两种特别臭的植物，一种是花序最大，一种是花朵最大，大概臭味与它们发散的面积也有关系。

鱼腥草有什么药用功效？

小问题

花粉家族中的 "大哥大" 和 "小不点"

　　如果你的眼力很好，又有适当的背景衬托，你用眼睛就能够看到单粒西葫芦花粉。西葫芦花粉直径有 200 微米。它是花粉中最大的一员，可说是花粉家族中的大哥大。可是，你要看清它的 "庐山真面目"，也非得借助显微镜不可。

有些植物的花粉是很好的保健品

　　微观世界与宏观世界一样，也是丰富多彩的。种子植物的繁殖器官——花粉，就是微观世界的一个大家族。在显微镜下它们形状各异、千态百姿。如果你度量一下它们"身材"的大小，你一定会惊叹不已。除了极少数"大个儿"之外，一般都只有10～50微米。如水晶兰的花粉呈扁球形，有点像橘子，它的直径只有26微米左右。单侧花的花粉粒有点像橄榄，它的直径只有18微米左右。

　　勿忘我是一种开蓝色小花的观赏植物，它的花粉粒只有4.5微米，要在高倍显微镜下才能看见。把它放大300倍，也只有芝麻般大小，可以说是花粉家族里的"小不点"。它的外形似长圆形，但是中间略细，有些像

勿忘我的播种

　　播种的要点有两个，一是发芽的温度，20℃以上的高温不能发芽，盛夏过后的9月下旬至10月中旬是适宜的时期；二是厌光性，即种子不喜光，一定要覆土（盖上泥土），太过明亮，种子不会发芽。

勿忘我开花

肾脏。直到现在，还没有发现比它更小的花粉。

　　花粉可是个好东西，它是植物体中蛋白质和维生素含量较高的部分，富有营养价值，是蜜蜂的主要食料。某些花粉可以制成药剂，能增强体质，防治慢性前列腺炎、出血性胃溃疡、感冒等疾病。近年来，国外将少量玉米花粉加入猪、牛、鸡的饲料，有提高猪、牛的生产率和鸡产蛋率的效果。

　　　　　　　你用显微镜看过植物的花粉吗？

小问题

王莲的叶子是最大的叶子吗？

从池塘里摘一片荷叶盖在头上，就像一顶大草帽，荷叶可算是大叶子了。可是，比起生长在南美洲亚马孙河里的王莲的叶子来，就像脚盆里面放茶碗，相差太大了。

王莲叶直径有2米多，向阳的一面是淡绿色的，非常光滑，背阳的一面是土红色的，密布着粗壮的叶脉和刺毛。叶子的边缘向上卷，浮在水面上像只大平底锅。

王 莲 叶

　　王莲多用种子繁殖，果大如小球，每只果内有种子 200～400 粒。种子黑色，圆球形，果熟后剖开取出种子，放入 20～30℃的温水中贮藏，用大瓦盆盛污泥，水深 5～10 厘米，水温保持 25～30℃，播后约半个月可发芽。

　　王莲的叶子，可说是水生有花植物中最大的了。但是，它还不是世界上最大的叶子。在陆生植物中，还有比王莲更大的叶子，那是生长在智利森林里的大根乃拉草。它的一片叶子，能把三个并排骑马的人，连人带马都遮盖住。像这样的大叶子，两片就可以盖一个三四人住的帐篷了。

　　王莲原产于南美洲亚马孙河流域，现世界各国多有引种，目前中国西双版纳、广州、南宁、北京等地也都有引种。王莲是典型的热带植物，喜高温高湿，耐寒力极差，气温下降到20℃时，生长停滞。如果气温下降到8℃左右，它们就熬不住死去了。所以，它们在中国西双版纳生长比较好，而在广州、南宁一带就需要采取特殊措施过冬了。

王　莲

　　王莲喜肥沃深厚的污泥，但不喜过深的水，栽培水池内的污泥，需深50厘米至1米较为适宜。种植时施足厩肥或饼肥，发叶开花期，施追肥1～2次，入秋后即应停止施肥。

　　王莲喜光，栽培水面应有充足阳光。人工栽培的关键技术是越冬防寒。广大的华南地区，天然水面不宜栽培，只宜种植在人工建筑的水池内，冬季保持气温和水温均在20℃左右才能把王莲养活。

 王莲原产于哪个洲？

小问题

谁的叶子最长？谁的叶子活得最久？

据科学家调查，世界上植物的叶子，没有一片是完全相同的，不信的话你找找试试。植物的叶子形状各式各样，大小也千差万别。最大的一片叶子，可盖一间小房子，最小的比鱼鳞还要小。那么，它们的长度又是怎样呢？玉米的叶片看起来是比较长的

棕榈有超长的叶

了，大约 1 米。南美洲的亚马孙棕榈，一片叶子连柄带叶有 24.7 米长。热带的长叶椰子，一片叶子有 27 米长，竖起来有七层楼房高。这是迄今所知道的最长的叶子。

谁的叶子最长寿呢？在非洲南部沙漠，生长着一种叫百岁兰的植物。它的外形奇特，它的茎又短又粗，高只有一二十厘米，可是茎干周长却达 4 米，与平放着的大卡车轮胎相仿。这种植物只有两片叶子，叶子初生时质地柔软，为适应干旱的沙漠环境，以后逐渐变成皮革那样。这两片叶各长 2～3 米，宽 30 厘米，两片叶拼在一起，比一张单人草席还要长出一大截。这种叶子的先端逐渐枯萎，叶肉腐烂，剩下的木质部分纤维卷盘弯曲，再加上又粗又短的茎干，人们远

棕榈树除供观赏外，叶及叶鞘、苞片可制棕绳及编制用具；棕榈子可提取植物蜡，供做复写纸等用，并可供药用，有收敛止血的功效。棕榈为抗有毒气体（二氧化硫）较好的植物，可做净化大气污染的树种。

百 岁 兰

远望去，还以为是伏地的怪兽呢！

世界上还有比这更大的叶子，也还有比这更奇形怪状的叶子，但是没有比百岁兰更长寿的叶子了，它的叶子寿命竟长达100年以上。

百岁兰雌雄异株，年年开花。在茎顶上表面，有一些同心沟，在同心沟的外方沟内抽出球果状的穗形花序，花片呈鲜红色。种子的外面有翅膀，随风散落到各处安家。

沙漠地区的气候干燥，雨水稀少，蒸发量又大，沙漠中生长的植物为适应这种环境，或者脱去叶子，或者叶变形呈针状，以此来减少水分的损失。可百岁兰的叶子既宽又厚，难道它不惧怕干旱吗？

原来，百岁兰的根系发达，可以吸收地下的水分，同时海边雾气浓重，形成的露水落下后，被百岁兰的叶子吸收，这样，百岁兰始终可以获得充足的水分来供自己生活之用。

　　百岁兰的分布范围极其狭窄，只有在西南非洲的狭长近海沙漠才能找到。它也是远古时代留下来的一种植物"活化石"，非常珍贵。

小问题

　　百岁兰在沙漠中是如何生存的？

最大的种子和最小的种子

种子是由前一代植物开花后的胚珠发育而来的，它的里面有胚，在适宜的条件下，由胚发育成下一代植物体。种子由外向内可以分为种皮、胚和胚乳三大部分。种皮是种子外面的保护层，胚是种子最重要的部分，

椰子的果实十分巨大

它又由胚芽、胚根、胚轴和子叶四部分组成。植物的胚有两片子叶的，叫双子叶植物，如棉花。有一片子叶的，叫单子叶植物，如香蕉。胚乳是种子内贮藏营养物质的组织，种子萌发时，这些营养物质被胚消化、吸收和利用，如玉米。

在植物界中，能形成种子的植物占植物总数的2/3以上。要是把所有的植物种子都收集到一起，排列起来，那真是千差万别，奇形怪状，可以开一次最丰富的种子展览会。

种子的形状各不相同，有的种子是圆圆的，有的种子是扁扁的，有的长而方，像一

斑叶兰的种子是最小的，它微小的种子在构造上也很简单，只有一层薄薄的种皮和少数供自己生长、发育需要的养料，所以它们的生命力不强，容易夭折。但是它们轻似尘埃，随风飘扬，到处传播，种子数量又多得惊人，总会有一些能传种接代的。这也是生物适应环境的一种特性。

白 桦 林

个盒子，有的像一个肾脏，有的却是三角形
和多角形。有的上面还长着钩刺、小瘤，甚
至翅膀。

　　种子的颜色五彩缤纷，自然界存在的颜

色在种子身上都能找到。不过有半数以上种子是黑色和棕色的。有的种子披着独特而美丽的花纹外衣，它们是由多种颜色组成的。

种子的大小和重量差异也很大，最大的种子是椰子，一般重达几千克；最小的种子是斑叶兰种子，轻如尘埃，用肉眼很难看到它们，只有用显微镜才能看清楚。在非洲东部印度洋中，有一个风光旖旎的群岛之国——塞舌尔。塞舌尔生长着身躯高大的复椰子树。它高15~20米，种子大得出奇，直径约50厘米。从远处望去，像是悬挂在树上的大箩筐。每个"箩筐"就有五六千克，最大的可重达15千克，的确是世界上最大的种子。

复椰子树与大白桦树的个头差不多，可大白桦树的种子却太轻了，200万颗白桦树的种子，总共只不过1千克重。两种树木种子的重量竟相差3000万倍！

人们常常用芝麻来比喻"小"，1千克芝麻竟有25万粒之多。但是，就植物的种子来说，比芝麻小的还多着呢。5万粒芝麻的种子，有200克重，可是5万粒烟草的种子，只有7克重。四季海棠的种子还要小，5万粒只有0.25克。

如前所述，最轻、最小的种子属于斑叶兰，5万粒种子只有0.025克重，人们至今还没有发现比这更轻、更小的种子。

斑 叶 兰

小问题

复椰子树与大白桦树高矮差不多，为何它们的种子却差别很大呢？

"喷瓜"的爆发力有多大?

　　大多数植物的一生都扎根固定在一个地方,半步也挪不动。那么它们的种子是怎么传播到四面八方去的呢?原来,植物在长期的生存竞争中,各自都有一套传播种子的特殊本领和专门的构造。

　　有些植物的种子具有很强的爆发力。威

凤　仙　花

植物朋友

ZHIWU PENGYOU

喷　瓜

力最大的要数美洲的沙箱树了。它的果实成熟爆裂时，能发出巨响，竟会把种子弹出十几米之外。所以，只要沙箱树结好果实后，人们便不敢轻易地接近这种植物"枪"了。

无独有偶，喷瓜号称植物"炮"，它生长在非洲北部。喷瓜成熟时生长着种子的多浆质的组织变成黏性液体，挤满果实内部，强烈地膨压着果皮。这时果实如果受到触动，就会"砰"地一声破裂，好像一个鼓足了气的皮球被刺破后的情景一样。喷瓜的这股气很猛，可把种子及黏液喷射出十几米远。因为它力气大得像放炮，所以人们又叫它"铁炮瓜"。还有比喷瓜果实更有力气的果实吗？人们至今还没有发现。

有些植物堪称植物"地雷"。在南美洲的热带森林里，生有一种叫马勃菌的植物，这种植物结果较多，个头很大，一个约有5千克重。别看它只是横"躺"在地上，但当人不小心踩上这种"地雷"，立即会发出"轰隆"一声巨响，同时还会散发出一股强有力的刺激性气体，使人喷嚏不断，涕泪纵横，眼睛也像针刺似的疼痛。所以人们管它叫"植物地雷"。

大部分植物的种子采取温和的方式传播。我们常见的蒲公英，当果实成熟时每个小果头上生有一簇绒毛，经风一吹就四处散播了。

很多植物依靠动物来传播种子。例如，野葡萄的果实肉甜味美，猴子、山羊等动物吃了这些果实以后，吐出来的和随粪便排出的籽在土壤中发芽生长。动物无意中就给野葡萄传播了种子。

马 勃 菌

有一首诗说：

　　长大了，孩子问：

　　"妈妈，我的生日礼物是什么?"

　　母亲默默地

　　给每个孩子头上

　　戴上一把远去的伞。

　　用蒲公英来比喻母爱，真让人感动啊。

列出你日常生活中遇见的植物种子。

小问题

动植物中也有"酒鬼"吗?

酒这杯中之物,不仅人类对它情有独钟,而且它对许多生物都有诱惑力。

据说,苏格兰一家酒店老板饲养的一只猫,以酒为主要饮料。这只猫喝酒之后,既不发酒疯,也不去睡觉,而是精神抖擞地捉老鼠。据酒店老板说,它酒后捉鼠已有2万多只。

蝴蝶中也有"酒鬼"。捕蝶人将浸过酒

蝴　蝶

野　象

的布条挂在树枝上，树林里的蝴蝶"酒鬼"翩翩飞来，聚集在酒布上过瘾。

野象喝酒后会发酒疯。孟加拉国某一地区军队的酒库被一群野象发现，好几桶酒被喝光。野象喝醉了大发酒疯，狂跳胡闹，临走时还把一个装有12瓶甜酒的箱子带进了密林里。

植物中居然也有酒徒。日本东京有一棵瑞龙松，高十多米，树干周长1米多，已有350多岁了。当地居民一家三代人一直照料它。每年春天为它修剪完毕后，便在树根周围掘6个洞，每个洞里灌入米酒10瓶，约十几升；如不灌酒，此树便垂头搭脑，毫无

猫也会喝酒吗

精神。米山宗春说，这棵树至少已喝了 100 年的酒了，酒龄还真不短！

　　有些植物还会偷酒喝！英国牛津大学莫德林学院里，曾发生过这样一件趣事：放在地窖里的一桶波尔多葡萄酒不知被谁喝光了。经过调查，才知小偷竟是一株常春藤。原来，长在墙外的这株常春藤嗅到酒味，便把根穿过墙脚，穿进地窖，伸到酒桶里，这个"酒徒"就这样人不知鬼不觉地把整桶葡萄酒喝光了。

你相信树能够喝酒吗？

小问题

猪笼草是"食虫植物"吗?

动物吃植物是天经地义；植物吃动物，似乎很新鲜。其实，在世界上常见的食虫植物有400多种，中国也有30多种呢，你相信吗？食虫植物大都生长在缺乏氮素等矿物质养料的环境，所以需要其他营养的补充。在长时期的自然选择和变异中，它们的叶子构造逐渐演化，形成了各种奇妙的捕虫工具，从捕获物中获取营养。

猪笼草大多数生长在印度洋群岛、马达加斯加、斯里兰卡、印度尼西亚等潮湿的热带森林里，中国广东、云南等省也有这种植物。猪笼草吃虫，全靠它奇特的叶子，它的叶片中脉伸出去变成卷须，可以攀附着别的东西向上升。卷的顶部生出一个囊状物，好像奶瓶子一样，口上有一个盖，能开也能关。瓶口边缘向内卷，瓶内有半瓶子液体。瓶口内壁能分泌又甜又香的蜜汁，贪吃的小昆虫闻到香味就会爬过去吃蜜。也许就在它们吃得正得意的时候，突然脚下一滑，一头栽到瓶中，被液体粘住了，再也无法逃命，

猪 笼 草

于是猪笼草得到了一顿美餐。

毛毡苔也是食虫植物，它们的叶层像一个个刷子，叶片上长出许多刚毛，刚毛顶端有一滴水珠，一片叶子上大约有 200 根刚毛。当活的小虫碰到叶面上时，刚毛会自动地包围小虫，而毛上的水球带黏性，可以把虫包起来。毛毡苔叶上的水珠实际是一种成分和动物消化液一样的液体，它能把虫体消化成为养料。毛毡苔常生在池沼地带，各种小虫和蚊子是它的猎食物。

捕蝇草的样子有点像毛毡苔，同属一科，捕蝇草的叶片上部似两瓣蚌壳形状的东西，这就是它的捕虫器官，这两瓣蚌壳状物平时张开，它的表面生有触觉极灵敏的刚毛，边缘有一行刚毛，当昆虫落到叶片上时，触及刚毛，蚌壳状的叶端会猛然闭合，

猪笼草为多年生草本。叶互生，长椭圆形，全缘。中脉延长为卷须，末端有一小叶笼，叶笼为小瓶状，瓶口边缘厚，上有盖，成长时盖张开，不能再闭合。笼色以绿色为主，有褐色或红色的斑点和条纹。雌雄异株，总状花序。猪笼草原产东南亚和澳大利亚的热带地区。喜温暖、湿润和半阴环境。不耐寒，怕干燥和强光。现在，也有些家庭把它当成室内观赏植物养植。

毛 毡 苔

两侧刚毛相对犬牙交错地扣起来，不幸的小虫子再也出不去了，同时叶片能分泌消化液把虫子消化掉，之后叶片又打开，开始新一轮的捕食。捕蝇草产于美洲森林池沼内。

猪笼草是怎样吃虫的？

小问题

会储水的树

　　世界上有一种树像萝卜又像花瓶，它就是纺锤树，可不要以为它很小，相反它是一种大乔木，树干上下两头细，中间膨大，使树身呈萝卜形，粗大的地方直径达到5米，

瓶　子　树

123

在美国亚利桑那州和墨西哥的一些地方，生长着巨大的仙人掌，最大的有合抱粗、六七米高，像一只大水缸。路过的人口渴时，只要砍断仙人掌，搅拌一下茎肉，就能喝到清凉的水。

树的上端分出少数生着叶子的枝条，叶呈心脏形，开花红色。如果把树身上端的枝叶、花一起来看，这树又像一个花瓶插了几枝花一样，因此又叫瓶子树。

巴西南部和东部冬季长期干旱，属于稀树干草原。瓶子树生长在热带雨林和稀树干草原之间的地带。旱季来临时树木落叶，雨季长叶，瓶子树度过旱季的办法是在树干中储存大量水分，这样可以在旱季时慢慢用水。通过长久的适应，树干就膨大得像个储水桶了。

每当旱季到来，瓶子树的叶子纷纷落下，以减少体内水分的散失。雨季一到，它的枝条上又萌生出新叶，同时瓶子树用自己发达

的根系拼命地从地下吸收水分。瓶子树的贮水能力特别强，一棵大树可以贮存 2 吨多水分，就像一个绿色的水塔。有了这些水分，即使在漫长的旱季中，它也不会枯死。瓶子树的这种体形和贮水的特性是它长期适应独特的生活环境的结果。

在澳大利亚酷旱的沙漠地区，也广泛分布着这种生命力极强的瓶子树，每株树的储水量达 2 吨多。这些树可以为荒漠上的旅行者提供水源，只要在树干上挖个小口，就能喝上清新可口的天然饮料了。

瓶子树长得怪模怪样的原因是什么?

小问题

树上也能生产米和面包吗？

既然有些树可以生产清凉饮料，那么，另外一些树会生产米也就不稀奇了。在菲律宾、印度尼西亚等国家的许多岛屿上出产一种能出米的树，叫作西谷椰子树。当地人利用它当粮食。这种树的树干粗直，里面富含淀粉，一般寿命10～20年，开花后即死去。人们在它未开花前砍倒树干，切成若干段，每段长1米左右，再纵劈为二，然后用一种

西谷椰子树的叶

面包树近景

竹制的工具把茎内的淀粉刮出来，放入有水的桶内。这样，树干的淀粉就沉淀了，倒去水，干燥后的淀粉即可加工成均匀洁白犹如大米一样的颗粒，习称为"西谷米"。

　　菲律宾的西谷米行销世界各地。通常一株 10～20 米高的树，树干直径 20～25 厘米，就可制出 100 千克干粉。此米除供食用外，又为纺织工业中上浆之用，淀粉不含糖，不怕虫蛀，树的嫩芽可以当菜吃，叶子的柄很粗，也是建筑的好材料。

　　面包总是用面粉做的，可是在南太平洋一些岛屿上的居民，他们吃的"面包"却是从树上摘下来的。这种树叫面包树。

面包树是四季常青的大乔木，属桑科。一般高 10 多米，最高可达 60 米。树干粗壮，枝叶茂盛，叶大而美，一叶三色，当地居民用它编织成漂亮轻巧的帽子。面包树雌雄同株，雌花丛集成球形，雄花集成穗状。它的枝条、树干直到根部都能结果。每个果实是由一个花序形成的聚花果，大小不一，大的如足球，小的似柑橘，最重可达 20 千克。

面包树的结果期特别长，从头年 11 月一直延续到第二年 7 月，1 年有 9 个月结果期，可以收获 3 次。它的果肉充实，味道香甜。

面包树果实的营养成分高，碳水化合物含量相当于白薯，还有丰富的维生素，也有蛋白质和脂肪。一颗面包树能结 60 ~ 70 年的果实，一年有 9 个月结果期，常常是一部分果实成熟了，另一部分刚开始发育，一株成年树够一两个人吃，除了当粮食外，还可以制作果酱和酿酒。面包树真是毫不吝惜地为人类作贡献啊！

猴面包树

每棵树可以结面包果六七十年。

面包果的营养很丰富，含有大量的淀粉，还有丰富的维生素 A 和维生素 B 及少量的蛋白质和脂肪。人们从树上摘下成熟的面包果，放在火上烘烤到黄色时，就可食用。这种烤制的面包果松软可口，酸中有甜，风味和面包差不多。

面包果是当地居民不可缺少的木本粮食，家家户户的住宅前后都有种植。

面包树的果实可以怎样食用呢？

小问题

寄生与腐生有什么区别?

绝大多数植物利用体内的叶绿素进行光合作用并制造自身所需的养料。可是,也有少数植物缺乏光合作用的必要条件,它们大多体内没有叶绿素,而采用寄生或腐生的方式生活。

自身不能制造养料,需要从其他动植物获取养料的植物称为寄生植物。例如,肉苁

肉 苁 蓉

肉苁蓉是多年生寄生肉质草本，寄生于梭梭树的根部。花淡黄白色、淡紫色或边缘部分淡紫色。它分布于内蒙古、新疆、甘肃、青海，生于海拔 150～1500 米的沙漠中。肉苁蓉属于名贵中药材，国家三级保护濒危物种。

蓉是一种以豌豆属植物为寄生的寄生植物，它的茎直立，而颜色各异，是一种常见的寄生植物，这种植物没有绿色的，因为它们的体内不含叶绿素。

热带雨林植物繁密，高大的树木将阳光全部遮住。鹿角蕨是热带雨林中常见的寄生蕨类，这种寄生植物无法从其他高大树木的缝隙中得到阳光，只有寄生在其他植物上以获取养料。1808 年，叶形奇特有趣的鹿角蕨从澳大利亚被引种到欧洲，至今，鹿角蕨在欧美栽培已较为普遍。很多人对它一见钟情，因为它形状奇特、养护起来也很方便。

另外一些植物尽管自己也不能制造养料，但也不从其他动植物活体中抢夺养料，而是分解死亡动植物躯体来得到能量，我们

鹿　角　蕨

称这些植物为腐生植物。例如兰科植物中就有一种腐生兰，它们生长在土层里，靠从腐烂的植物体内吸取养分生活。它们只在开花期伸出花序，在地面开花结果繁衍后代。

你分得清寄生植物和腐生植物吗？

小问题

中国是世界上人工栽培银杏树最早的国家吗?

银杏树是一种有特殊风格的树，叶子夏绿秋黄，像一把把打开的折扇，形状别致美观。

两亿多年前，地球上的欧亚大陆到处都

银 杏 果

千年银杏树

生长着银杏类植物。银杏类植物是全球最古老的树种，后来在200多万年前第四纪冰川出现的时候，大部分地区的银杏树毁于一旦，残留的遗体成了印在石头里的植物化石。在这场大灾难中，只有在中国还保存了一部分活的银杏树，绵延至今，成为研究古代银杏树的活教材。所以，银杏树是一种全球最老的孑遗植物，人们把它称为"世界第一活化石"。

银杏树是世界上最古老的树种之一，落叶乔木，常见于名山古刹中。它的树形高大典雅，叶子十分奇特，树上还结圆圆的种子，俗称白果。

银杏的种子成熟时橙黄如杏，外种皮很厚，中种皮白而坚硬。银杏种子的种仁可做药用，有润肺、止咳、降血脂的功效。它的

在中国有许多植物是中国的特产。例如银杏科的银杏属，松科的金钱松属，杉科的水杉属，水松属柏科的建柏属，红豆杉科的白豆杉属。

银 杏 叶

枝叶含有抗虫毒素，能防虫蛀，故有人在书中放一片银杏叶，既美观又可用来祛除书蠹虫。银杏叶中还含有一种叫银杏黄酮的化学物质，它能降低胆固醇，改善脑血管的血液循环。不过，银杏中某些物质有毒性，因此，并不适合大量食用。

中国是世界上人工栽培银杏树最早的国家。银杏树是难得的长寿树，中国不少地方都发现有银杏古树，特别是在一些古刹寺庙周围，常常可以看见栽有数百年和千年有余的大树。像有名的庐山黄龙寺的黄龙三宝树，其中一株是银杏树，直径近两米，北京潭柘寺的银杏树也年逾千岁。

世界上最长寿的银杏树是中国山东莒县定林寺中的大银杏树，树高 24.7 米，胸围 15.7 米，树冠荫地 200 平方米，据说是商代栽的。

银杏树在 200 多年前传入欧美各国，许多著名的植物园都以能栽种"世界第一活化石"——银杏树而感到无比荣耀。

小问题

为什么说银杏树是世界第一植物活化石？

为什么说水杉是"植物界的熊猫"?

水杉是20世纪40年代由中国科学家发现的一种从古代保存下来的"活化石"。水杉的发现轰动一时，蜚声全世界。它与动物中的大熊猫一样，是只有中国才有生长的古代孑遗植物，所以人们称它为"中国的国宝"、"植物界的熊猫"。

远在1亿年以前，地球就已存在水杉这种树木。它广泛分布在欧、亚、北美各地。

水　杉

水 杉 林

　　大家可能会问，水杉为什么能在中国保存下来呢？中国地质学家研究发现，在第四纪冰川来临时，中国的冰川与欧美的不同，欧美冰川是冰雪大片大片地覆没大地，唯独中国是间断性的高山冰川。冰川奔来时，在没有冰块的地方，植物就保存了下来，这也可能是中国保存古代植物较多的一个原因。

悠悠水杉情

200 多万年前，在第四纪冰川的浩劫下，世界各地的水杉经不住恶劣环境的打击，纷纷相继毁灭而退出历史舞台，在人们的心目中，以为水杉在地球上已经绝迹了。

1941 年，中国年轻的植物学者干铎第一次在四川万县发现了水杉。只是当时他只知这是一株很奇特的大树。这是一株什么树，当时无人知晓。1943 年，另一位植物学者王战，从这株奇特的树上采到了完整的植物标本，后经植物学家的反复研究，终于确认这株奇特的大树就是水杉，是几千万年前古代水杉的后代，并且在 1948 年由中国著名植物学家胡先骕和郑万钧正式定名。

只能在化石中才能看到的水杉"死而复生"了，这个消息一经传出，立刻引起科学界的震动，并被誉为 20 世纪 40 年代的新发现。它是中国植物学家对人类的杰出贡献。

水杉高大挺拔，茎干通直，树形秀丽，一个个小叶片排列在小枝的两侧，犹如一片片闪动的羽毛。深秋时节，叶片和小枝一起脱落，扬扬洒洒，景致动人。水杉作为一种著名的用材树和观赏树，已在世界各地广为栽培，深受各国人民喜爱。

水杉首次发现是在哪里？

小问题

什么样的树能"见血封喉"?

　　19世纪中叶，英国殖民军入侵马来群岛，当地土著人奋起反抗，他们用一种箭头蘸过植物乳汁的箭抵御英军，英军官兵中箭即亡，死伤惨重，以致闻箭丧胆，还不知是怎么死的。土著人箭上蘸的是什么厉害的毒药呢？它就是世界上最毒的树——箭毒木的乳汁。

　　箭毒木也叫见血封喉，它是桑科植物的成员。其实，植物分泌的乳汁不见得都有毒。像桑科植物中的波萝蜜、薜荔、掌叶榕等也都分泌乳汁。不过，见血封喉的乳汁不同，它含有多种有毒物质。当这些毒汁由伤口进入人体时，就会引起肌肉松弛、血液凝固、心脏跳动减缓，最后因心跳停止而死亡。人如果不小心吃了它，心脏也会麻痹，以致停止跳动。如果乳汁溅至眼里，眼睛马上就会失明。

　　当地的猎人用这种很毒的乳汁制作毒箭作为狩猎的武器，被射中的大型动物，无论伤势轻重，都只会跳几下就倒地死去。

箭毒木——见血封喉

云南傣族的猎手称见血封喉为"光三水"，即跳三下便会死去的意思，真是剧毒无比！

见血封喉为桑科见血封喉属植物。这一属共有4种，生长在亚洲和非洲的热带地区，都含有剧毒的乳汁。中国只有见血封喉

植物朋友
ZHIWU PENGYOU

143

少年科普热点

SHAONIAN KEPU REDIAN

一种，生长在云南的西双版纳及广西南部、广东西部和海南省的热带森林中。

　　见血封喉为高大的常绿乔木，树高可达30多米。春夏之际开花，秋季结出一个个小梨子一样的红色果实，成熟时变为紫黑色。这种果实味道极苦，含毒素，不能食用。在科学发达的今天，用见血封喉的乳汁去制毒箭狩猎，似乎已成过去，但乳汁有毒成分能否在医药或化工上发挥新的作用，这是很值得进一步研究的问题。

　　见血封喉虽然很毒，但是它的科学研究价值也很高，现在它已经被列入三级保护植物，有关部门正对它展开有力的保护和研究。

　　见血封喉是桑科植物，但桑科植物的乳汁并不是都有毒。南美洲委内瑞拉生长的牛奶树，也属桑科植物，从它光洁的树皮划破后流出的白色乳汁——"牛奶"，还是当地居民的高级饮料呢。将"牛奶"用清水冲淡煮沸后，就同真牛奶一样可以饮用。

小知识

箭 毒 木

小问题

见血封喉为何被猎手们称为"光三水"？

为什么红桧被称为宝岛神木？

　　中国的宝岛台湾地处温带和热带之间，四季如春，雨水充沛，为各种各样的植物提供了良好的生息之地。在中央山脉、阿里山、北插天山等海拔1000～2400米的高山密林间，生长有一种亚洲最有名的大树，那就是"亚洲树王"——红桧。在亚洲是树王，当然在中国的木本植物中也是最雄伟、最高大的树种了。

红桧树可长到60米高，见证人间沧桑

红桧为台湾特产，在台湾，红桧又被尊称为"神木"，它的枝叶有点像常见的扁柏。红桧树高可达60余米，胸径达6.5米，是仅次于美国加州"世界爷"——红杉的又一种大树。红桧不但树形高大雄伟，而且也是有名的长寿树，在林海深处，两三千年的大树到处都是。

阿里山中有一株叫"眼目大神木"的红桧，树高48米，树龄达4000多岁。它可能是目前所知寿命最长的红桧。"神木"的高寿，显然与原始森林得到了很好保护有关。

红桧是森林的骄子。它不仅高大、长寿，而且材质优良。它的木材轻软，色泽美观，边材呈淡红黄色，心材近黄褐色，且有悦人

在台中有一株称为大雪山二号"神木"的红桧，树高55米，胸围22.7米，树干中有一个大洞，洞内可放得下一顶供四人住的帐篷。人坐树洞中，四围山色郁郁葱葱，飞瀑流泉，尽收眼底，既带几分浪漫，又富有诗情画意。

红 桧 林

的香气。木材耐湿性强，加工后有光泽，是台湾针叶树中的一级木材，为造船、制作家具及建筑的良好材料。

红桧是不是"世界树王"？

小问题

望天树是林海巨人吗？

让我们数一数中国树木中的"巨人"：

活化石水杉，高40多米；

特产于雅鲁藏布江流域的巨柏，高46米；

久负盛名的小兴安岭上的红松，有50多米高；

望天树生长之快，让人惊叹！一株70岁的望天树，就可高达50多米，有的甚至达70~80米，胸径在130厘米左右。树干圆满通直，向上伸展到约10层楼高的时候才开始分枝，树冠犹如撑开的大绿伞，把枝、叶高高地举在半空中，极为潇洒壮观，难怪当地傣族人称它为"麦浪昂"（伞树）或"麦秆壮"（好看的树）！

植物朋友 ZHIWU PENGYOU

望 天 树

宝岛台湾阿里山上的"神木"——红桧，高约 60 米；

号称"亚洲针叶树之王"的秃杉，可高达 75 米。

不过，这些都还不是最高的。据统计，目前能摘取中国最高树木桂冠的，恐怕就只有高度可达 80 米的望天树莫属了。

望天树属于龙脑香科，柳安属。柳安属这个家族共有 11 名成员，大多居住在东南亚一带。而望天树只生长在中国云南，是中国特产的珍稀树种。望天树高大通直，叶互生，有羽状脉，黄色花朵排成圆锥花序，散发出阵阵幽香。它的果实坚硬。

望天树一般生长在海拔 700～1000 米的沟谷雨林及山地雨林中，形成独立的群落类

红 松 林

型，展示着奇特的自然景观。因此，学术界把它视为热带雨林的标志树种。

望天树是 1975 年才由中国云南省林业考察队在西双版纳的森林中发现的。当考察队员们在林海中一下子看到这仰头也望不到顶的大树时，简直惊呆了。因为，这是以前在中国从未见过，在世界植物学文献中也从未记载过的"新巨人"哪！

望天树一般高 60 多米，胸径 100 厘米左右，最粗的可达 300 厘米。高耸挺拔的树干竖立于森林绿树丛中，比周围高 30～40 米的大树还要高出 20～30 米，真是直冲九霄，大有刺破青天的架式，所以称它为望天树，确也名副其实。

望天树生长迅速，而且材质优良，生产力很高。它的主干材的蓄积量可达 10.5 立方米，单株年平均生长量为 0.085 立方米，是森林中其他树种的 2～3 倍。望天树材质坚硬、耐腐性强、纹理美观，是制造各种高级家具及用于造船、桥梁、建筑等的优质木材。

由于望天树具有很高的科学价值和经济价值，加上它的分布范围又十分狭小，已被列为中国的一级重点保护植物。

植物朋友 ZHIWU PENGYOU

成片的望天树

小问题

望天树为何珍贵？

人参是"中药之王"吗？

"人参、貂皮、乌拉草"，号称"东北三宝"。东北是中国出产人参最有名的地方，而人参的真正老家在长白山上，这里出产的野生人参（称为山参）和栽培的人参（称为园参）几乎占全国的90％以上。

人参之所以很稀奇，很名贵，主要与它的药用价值有关。在很早的医书《神农本草

人 参 叶

》中就有记载，人参有"补五脏、安精神、定魂魄、止惊悸、除邪气、明目开心益智"的功效，"久服轻身延年"。李时珍在《本草纲目》中也对人参极为推崇。几千年来，人参都被列为中草药的"上品"。

野生人参对生长环境要求比较高，它怕热、怕旱、怕晒，要求土壤疏松、肥沃、空气湿润凉爽，所以多生长在长白山海拔500～1000米的针叶、阔叶混交林里。每年七八月正是人参开花季节，紫白色的花朵结出鲜红色的浆果，十分惹人喜爱。野山参在深山里生长很慢。1989年，在长白山采到一棵"参王"重305克，估计已在地下生长了500年。

人参形状特异，特别是野生的老山参，往往有人的形状，即所谓有头（根状茎，俗称芦头）、有体（主根）、有肩（根的上部）、有腿（例根）、有须（须根），由此人们产生了种种神秘感，并编撰出了不少动人的神话故事呢。

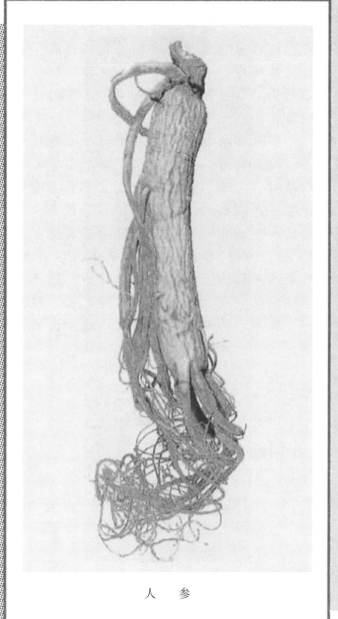

人　参

这位"参王"是中国目前采到的最大的山参，已作为"国宝"被国家收购保存。在神话传说中，百年的老山参就能够幻化成小孩的形状，在民间传说中，这样的故事时有传闻。

中国自唐朝起，就已开始人工种植人参。人工栽培的园参，目前除东北有大量种植外，河北、山西、甘肃、宁夏、湖北等省区也有栽培。在人工精心管理下，栽培的人参6年就可收获，但从药用价值或珍贵程度讲，都无法与百年的老山参相比。野生人参被大量采挖已越来越少，已处于濒临灭绝的境地。这种"中药之王"与水杉、银杉、桫椤等珍贵植物一起，已列为中国国家一级重点保护植物。

"东北三宝"有什么？

小问题

你知道恐龙的食物是什么吗？

恐龙是古老生物的象征，远在6500万年前恐龙从地球上灭绝了。可现今在地球上还存活着一种与恐龙一样古老的植物，它就是恐龙时代的"遗老"、"蕨类王国中的巨人"——桫椤。

恐龙的食物——桫椤

桫椤又名树蕨，它是古老蕨类家族的后裔。在银杏还没有出世的古生代石炭纪（距今约3.5亿年），蕨类植物已是地球上的"统治者"了。高大的蕨类树木，如鳞木、芦木、封印木、种子蕨等覆盖着地球表面，高20～40多米的大树比比皆是。由于地壳无情的变迁，多数蕨类树木都埋于地下，成了我们今天的煤炭。中国华北大煤田主要就是由这些蕨类树木的残骸变来的。

到了中生代的侏罗纪（1亿多年前），随着巨型爬行动物恐龙的兴起，这时蕨类中桫椤这一支也应运而生。由于侏罗纪时期的气候已变得温暖、潮湿，所以桫椤也长得高大挺拔，可达20多米高，叶子都生长在树干的

桫椤（树蕨）一般高3～4米，有的也可达8米。在一些热带雨林及新西兰和南太平洋的岛屿上，桫椤仍十分茂盛，最高的可以长到25米以上。外形上桫椤有点像椰子树，树顶生着许多大而长的羽状叶子，体态潇洒优美，是很好的庭园观赏树。

植物朋友

ZHIWU PENGYOU

桫椤树

顶端，好像一把把巨大的绿伞。尽管桫椤如此高大，但它仍是身躯高大、颈细脖长的恐龙的美味食品。不过，靠素食过活的恐龙最后还是从地球上消失了，而高大的桫椤却在地球上的一些温暖潮湿的地区存活了下来。

比之现存的大多数矮小的草本蕨类植物，桫椤自然是蕨类王国中的巨人。它作为现今仅存的古老木本蕨类植物，在科研及考古上都有重要意义，所以极为珍贵，已列为国家重点保护的对象。

全世界桫椤科植物约有 600 种，主要分布在热带和南半球温带地区。中国有桫椤 3 个属近 20 种，多分布在云南、贵州、四川、西藏、广西、广东等省区。通常我们见到的桫椤因叶柄上有刺，所以又叫刺桫椤，是在中国分布较广的一个种类。

想一想桫椤与银杏谁出现得早？

小问题

第三篇
有用的植物

木本花卉——山茶花

植物让世界焕发生机，同时也把世界装扮得五彩缤纷。让我们一起进入花卉王国吧。

我们通常所说的花卉是个内容相当广泛的词，卉是草的意思，花卉泛指草花及观花的木本植物，这些丰富多彩的观赏植物组成了植物界的花之国。

山茶花喜半阴，喜温暖湿润气候，不耐寒。喜肥沃、湿润、排水良好的中性和微酸性土，不耐碱土。抗海潮风、烟尘及有毒气体。山茶花冬末春初开花，四季叶色翠绿，为园林中重要的观赏树种。

美丽的山茶花

　　花卉可以分为木本及草本两大类。木本花卉如梅花、迎春、山茶、杜鹃、牡丹、月季等。山茶花原产中国，公元 7 世纪初，日本就从中国引种，到 15 世纪初大量引种中国山茶花的品种。1739 年英国首次引种中国山茶花，以后山茶花传入欧美各国。至今，美国、英国、日本、澳大利亚和意大利等国在山茶花的育种、繁殖和生产方面发展很快，已进入产业化生产的阶段，品种间、种间杂种和新品种不断上市。

　　中国栽培山茶花的历史悠久。自南朝开始已有山茶花的栽培。唐代山茶花作为珍贵花木栽培。到了宋代，栽培山茶花已十分盛行。南宋时温州的山茶花被引种到杭州，发展很快。明代《花史》中对山茶花品种进行描写分类。到了清代，栽培山茶花更盛，山茶花品种不断问世。1949年以来，中国山茶花的栽培水平有了一定的提高，品种的选育又有发展。现在中国山茶花品种已有300个以上。在浙江、福建和江苏等地已开始批量生产，已成为冬季花卉市场主要的盆栽观赏花木之一。

木本花卉又有常绿和落叶之分，如山茶、杜鹃四季常绿；梅花、牡丹到冬季落叶。还有乔木、灌木之别，梅花地栽可长成乔木，

山 茶 花

蝴 蝶 花

月季、牡丹不论盆栽或地栽都只长成矮小的灌木。此外木本还包括藤本如凌霄、金银花、紫藤等。

小问题

中国栽培山茶花是从什么时候开始的？

走进大花园

回归自然、关注健康，是人类面临的重大课题和强烈愿望。时下，人们倾心追求的绿色理念和行为已逐渐深入人心。丰富多彩的观赏花卉既能满足人们对绿色的渴望，又能让人们享受花卉的美丽和芳香。下面你将看到一些常见的花卉，或许会让你跃跃欲试。朋友们，不妨一起来养花吧！

月季，别名长春花、月月红、四季蔷薇等。它对环境适应性较强，喜温暖凉爽的气候和充足的阳光，耐旱、耐寒。月季花为中

盛开的月季

仙 客 来

国原产品种，已有千年的栽培历史。月季花在世界上被誉为花中皇后，在 17～18 世纪输入欧洲，他们用欧洲种月季进行反复杂交，经过两百多年创造了两万多个园艺品种呢！

仙客来，又名兔子花、兔耳花，具地下球茎，呈扁球形。叶心脏形，浓绿色，表面有白斑，叶背红色。花冠深裂成五片，向上反卷，形似兔耳，有红、白、紫红等色。原产地中海东部，中国一般作温室栽培，为著名温室盆花。

凤仙花，原产亚洲热带地区，多分布在中国南方及印度、马来西亚等地，是一年生草本植物。花色有白、粉、红、紫、青等。因株型高矮及分枝多少的不同而有近 200 个品种。其中有称为"鹤顶红"的优良品种，

植物朋友 ZHIWU PENGYOU

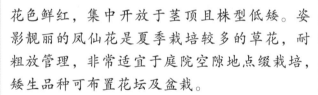

凤　仙　花

花色鲜红，集中开放于茎顶且株型低矮。姿影靓丽的凤仙花是夏季栽培较多的草花，耐粗放管理，非常适宜于庭院空隙地点缀栽培，矮生品种可布置花坛及盆栽。

蜡梅，别名腊梅、腊木、黄梅。冬末叶子还没有长，花就已经开了，花期在12月至来年1月，芳香浓烈，因中国农历12月又称腊月，与它的花期吻合，故称腊梅。原产中国中部，现各地都有栽培。蜡梅花在霜雪寒天傲然开放，花黄似蜡，浓香扑鼻，是冬季观赏的主要花木，蜡梅的花经加工是名贵药材。

植物朋友 ZHIWU PENGYOU

　　桂花，又名木犀、丹桂、岩桂。桂花的品种很多，常见的有四种：金桂、银桂、丹桂和四季桂。果实为紫黑色核果，就是我们俗称的桂子。桂花叶茂而常绿，树龄长久，秋季开花，芳香四溢，是中国特产的观赏花木和芳香树。湖北咸宁地区成片种植甚多，是桂花之乡。成都、杭州、桂林亦是丹桂成林，蔚为壮观。采摘新鲜的桂花可制桂花糕、桂花糖和桂花酒等。

　　杜鹃花，又名映山红、满山红、山石榴等。花冠因种类不同而有红、黄、白、紫、粉红等颜色。杜鹃花分为常绿杜鹃与落叶杜鹃两大类。依花期不同又分为春鹃和夏鹃。栽培品种有八百余种，为世界著名的观赏

梅　花

171

桂　花

植物。中国的杜鹃花闻名于世，与报春花、龙胆花共享"三大高山花卉"的盛誉。

芙蓉，又名木芙蓉、拒霜花、木莲。花形大而美丽，生于枝梢，花梗长 5~8 厘米。10~11 月开花，清晨开花时呈乳白色或粉红色，傍晚变为深红色。原产于中国，四川、云南、山东等地均有分布，而以成都一带栽培最多，历史悠久，故成都又有"蓉城"之称。芙蓉花喜欢温暖湿润的气候，喜阳光，适应性较强。芙蓉花朵极美，是深秋主要的观花树种。

桃花，有白、粉红、红等色。桃花是中国传统的园林花木，它树态优美，枝干扶疏，花朵丰腴，色彩艳丽，为早春重要观花树种。

桃花原产于中国中部及北部，栽培历史悠久，现各地广为种植。

猪笼草，为热带食虫植物的代表，前面我们已经提及。猪笼草美丽的叶笼特别诱人，是目前食虫植物中最受人青睐的种类，常用于盆栽或吊盆观赏。猪笼草原产东南亚和澳大利亚的热带地区。1789 年引种到英国，然后在欧洲各植物园内栽培观赏。猪笼草虽然在中国的广东等地有野生分布，但很少人工栽培。直到 20 世纪 80 年代以后，才从国外引进猪笼草优良品种，主要用于花卉展览。让有趣的猪笼草进入千家万户，成为中国盆栽花卉之一，不失为猪笼草的一个发展方向。

合欢，夏季开花，花色黄白或淡红色。

芙　蓉

猪 笼 草

合欢树和含羞草一样，一对对小叶昼开夜合，所以叫作合欢花或夜合花。合欢产于中国中部，是夏季主要的观赏花树。

芍药，花大且美，有芳香，花瓣白、粉、红、紫或红色，花期4～5月。芍药原产中国北部和西伯利亚，性耐寒冷，喜爱冷凉气候，是中国的传统名花，已有三千多年的栽培历史，是公认的花中之相，与花中之王牡丹齐名。

海棠，又名解语花。花朵簇生，春季开花，花未放时，花苞深红点点；初开放时，花色淡红一片；将谢时，犹如隔宿粉妆。海棠中以西府海棠为上，贴梗海棠次之，垂丝海棠又次之。海棠花是中国的名花之一，栽培历史悠久，婆娑多姿，花开如彤云密集，在园林花木中独具风姿。

水仙花，别名天葱、雅蒜、金盏银台、玉玲珑。顶端着花3~8朵，呈伞形花序，花冠口部具黄色盏状的副花冠，有"金盏银台"之称。水仙花是点缀元旦和春节最重要的冬令时花，人们称赞它碧叶如带，芳花似杯，幽香沁人肺腑。这种花常用清水盆栽，被人们称为"凌波仙子"。

兰花通常分为中国兰和洋兰，中国兰在中国的栽培历史已有一千多年，极具观赏价值。其叶铁线长青，其花幽香清远，发乎自然，被人们称为"第一香"、"国香"。

朱顶红，又名朱顶兰、百枝莲。春夏开

合 欢 花

在客厅的茶几上可以摆放一盆苏铁（铁树），它浓绿的枝叶带有油亮的光泽，植物伟岸而挺拔，能营造一种古朴典雅的氛围。如果在一角再配上一盆潇洒的翠竹，则会使您的客厅显得更富有生气。在书房的写字台上宜摆放文竹，书橱上适合摆放吊兰。文竹叶片碧绿，枝叶展开似片片云松，给人一种宁静、雅致之感；而吊兰那绿色的叶子垂挂在书橱前，显得更加婀娜多姿。

花，花大型，漏斗形，与百合花相似，花呈红、白、粉等色且有白色条纹。原产美洲热带地区，中国各地庭园常见栽培，为重要温室盆花。

扶桑，又名朱槿、佛槿、大红花。花形比较大，花瓣呈倒卵形，有红、粉红、黄、白等色，5～11月开花。原产中国广东、云南，栽培历史悠久，现南方各地都有种植。

万年青，又名千年蔓，产于中国南方。万年青的叶装饰性很强，由于终年均保持深绿色，故名万年青。尤其在花后缀上成串鲜艳殷实的红果，更加惹人喜爱。人们视万年青为丰收喜庆的象征，每当婚嫁喜庆之时多要用到它。

虞美人，别名丽春花。虞美人娇艳动人，加之花瓣质薄如绫，光洁似绸，是优良的观赏花品种。

含笑，别名含笑梅、烧酒花。含笑花常呈半开状，故名含笑。每到春夏之交，花开状如点点明珠，藏于叶下，香气自叶间飘出，馥郁醉人。

萱草，别名黄花、金针花、忘忧草。原产中国，南北广为栽培。萱草不仅是名花佳卉，而且还是美味良蔬，它的花晒干可以供食用，俗称"黄花菜"，还有治疗忧郁症的药效。

三色堇，俗称蝴蝶花、人脸花、猫儿脸。春夏开花，花瓣近圆形，通常有蓝、

虞 美 人

三 色 堇

白、黄三色，故名三色堇。现代园林栽培色彩变化多样，有白、黄、橙、红、蓝、紫等色，颇为美丽。

茉莉花，白色花瓣，芳香宜人，花期甚长，由初夏至晚秋开花不绝，为常见庭园及盆栽观赏芳香花卉。茉莉花清香四溢，能够提取茉莉油，是制造香精的原料，茉莉油的身价很高，相当于黄金的价格。

"金盏银台"指的是哪种花？
我们通常说的"岁寒三友"都有哪些植物？

小问题

你能说出几种常见的食用植物吗？

　　万物生长靠太阳，含有叶绿素的植物将太阳光的能量提供给动物，是地球食物网的基础。人类的生存和活动都需要食物提供的营养和能量。

　　在世界各地，人们将当地盛产的作物当作主食。世界各地气候、土壤等条件的不同，种植的作物也不同，食用方式也各不相同。它们有些可直接食用，有些要磨成粉末

甜　橙

状，才可加工成各式各样的食物。

下面给大家介绍几种常见的作物。麦子是常见的主食之一，我们吃的面粉就是由麦粒磨成的。它在温带条件下生长得最为良好。麦粒质地坚硬，必须经过某种方式处理才能够食用。玉米含有较多的淀粉，也含有一定的脂肪，也是重要的主食种类，而玉米片也已成为西方的早餐食品之一。稻子主要生活在像我国南方一样的温暖多水的地方种植。当稻子成熟后，经过干燥、去壳等过程，就成为我们日常食用的大米。

我们再看一厦另一类食用植物——蔬菜。大家知道几百种以上的植物都被列为蔬菜，在中国，蔬菜往往要经过烹饪，而在一些国家却往往将蔬菜直接食用。蔬菜富含维生素及纤维素，而含有较少的热量，是现代人的健康食品，所以我们平时要注意多吃蔬菜啊！

我们喜爱水果不仅因为它们含有大量的维生素等营养成分，而且因为它们的味道十分鲜美。下面就介绍一部分比较常见的水果，看一看你都吃过吗？

甜橙，果实橙黄色，形状球形，长约5厘米，直径约6厘米，果味酸甜可口，是著名水果之一，在长江流域以南广为栽培。

无花果，果实形状为梨形，成熟时颜色为红褐色，长3~5厘米，直径约2.5厘米。

鲜果可以食用，还具有润肠之功效呢！

枇杷，果实为黄色卵球形。它的花期为10～12月，是著名的蜜源植物，在蜜期可采收著名的枇杷蜜。

人面子，它的果实外形与人的面孔相似，然而人面子果实的用途却是实实在在的。人面子鲜果可以生吃，相当于水果；还可以腌渍，或与豆豉、辣椒等制成人面酱，味美可口。

苹果，在7～10月成熟，这时硕大的果实挂满枝头，非常可爱。它不仅是享有盛名的水果植物，也是观果植物呢！

桃，也是人见人爱的果实品种，它的果实较大，形状与果的颜色随品种不同而各有

人 面 子

差异，它也是比较著名的水果。

荔枝，果实成熟时的颜色为暗红色，种子的形状为球形，它是著名的热带水果。古有"日啖荔枝三百颗，不辞常做岭南人"的佳句。

石榴，果实的皮很结实，外观上看是卵球形，直径5~12厘米。种子外种皮肉质多汁，酸甜可口，是水果观赏植物。

人心果，果实为浆果，形状为卵心形，颜色为褐色，是著名的热带水果之一。

葡萄，一种最古老的栽培植物，它的故乡是中东一带。从在世界上传播的范围来说，除小麦外就算葡萄最广了，估计有两千多个品种。果实为浆果，形状为椭球形或圆球形，它可以直接食用，还能作为酿酒、制

大家知道吗，香蕉是产自热带的重要水果，产量很高，我们通常买的一把香蕉只是其中的一小枝，整棵树可以结200把以上呢！香蕉在未成熟时采摘，在运输途中逐渐变黄。

石　榴

干果的原料。当然，葡萄可算最著名的水果之一了。

小问题

你生活的地方以什么为主食？

"糖" 是从植物中提取出来的吗？

　　我们平时吃的糖，大多数是从植物中提取的。

　　甘蔗是大型草本植物，多种植于热带，是主要的产糖植物种类。糖分是从甘蔗的茎中提取的，首先甘蔗被压榨出汁，然后将其汁干燥提纯，就成蔗糖了。

　　甜菜是与萝卜同类的植物，它的根为白色或暗红色，糖分就主要储存在根部。甜菜是不能生长甘蔗的凉爽地区的主要产糖植物。甜菜长到6～9个月后，人们将其连根

甜　菜

甘蔗是人们喜爱的冬令水果之一，其含糖量十分丰富，为18%～20%。甘蔗的糖分是由蔗糖、果糖、葡萄糖三种成分构成的，极易被人体吸收利用。甘蔗还含有铁、钙、磷、锰、锌等人体必需的多种微量元素，其中铁的含量特别多，每千克达9毫克，居水果之首，故甘蔗素有"补血果"的美称。

挖出切片煮沸，就可以将糖分提取出进行深加工。

人类食用甜菜根的历史可以追溯到古希腊时期。古希腊人视甜菜根为神圣之物，将其呈献给阿波罗神。到了中世纪时，甜菜根进入英国，上了普通老百姓的餐桌。

为什么甜菜根如此受人欢迎呢？原因在于食用甜菜根有益身体健康。甜菜根含有丰富的钾、磷及易被吸收的糖，可促进和加强肠胃蠕动，助消化。甜菜的纤维可促进锌的吸收，有助于儿童和老人获得均衡的营养。另外，甜菜还能够消除体内毒素，排除体内

甘　蔗

的废物，是女性调理美容的上佳营养品。

　　甜菜根的吃法很多。英国人习惯煮着吃，或用它做汤，或把它和其他蔬菜、谷类及肉类等一起煮食。不过，人们认为最好的食用方法是，先在热水中焯一下甜菜根，然后做成蔬菜沙拉。多吃甜菜，身体健康，正在成为欧洲人的共识。

英国人为何爱吃甜菜根？

小问题

橄榄油和花生油是怎样制成的?

我们平时炒菜时都要加入各种油，除了动物油以外还有多种植物油。当然，植物油不仅可以食用，还有其他多种用途。

棕榈是重要的油料作物种类，多生长于热带沙滩，油从其果肉中提取，可用于制造肥皂及人造黄油。

橄榄树也是重要的油料作物，橄榄油是优质的烹调油，还在制药等行业有广泛的应用。橄榄油是一种优良的非干性油脂。是世

橄 榄 油

橄　榄

界上最重要、最古老的油脂之一，地中海沿岸国家的人们广泛食用这种油脂。

　　橄榄油取自常绿橄榄树的果实。整粒果实含油35%～70%，其果肉含油75%以上。橄榄油的质量与制油工艺密切相关，优质的橄榄油只能用冷榨法制取，并且需要从低压到高压分道进行，低压头道所得的橄榄油无需精炼即可食用。低压头道所得的油脂呈淡黄绿色，具有特殊和令人喜爱的香味和滋味，而且酸值低，在低温时仍然透明。因此，低压头道橄榄油是理想的凉拌用油和烹饪用油。

橄榄油的色泽随榨油机压力的增加而加深：浅黄、黄绿、蓝绿、蓝至蓝黑色。色泽深的橄榄油酸值高，酸值大于3时，油味变浓并带有刺激性，这时就不能食用了。

橄榄油不同于其他植物油的地方，还在于它具有较低的碘值，另外，当温度降低到0℃时，橄榄油还能保持液体状态。

花生是中国最常见的油料作物，花生生长在土壤下面，在挖出后经过去壳、压榨等过程，就制成了我国主要的食用油——花生油。花生油多用于烹调，还可制造人造黄油及色拉油等。花生果具有很高的营养价值，

花生为豆科作物，是主要优质食用油料品种之一，又名"落花生"或"长生果"。花生是一年生草本植物。起源于南美洲热带、亚热带地区。约于16世纪传入中国，19世纪末有所发展。现在中国各地均有种植，主要分布于辽宁、山东、河北、河南、江苏、福建、广东、广西、四川等省（区）。其中以山东省种植面积最大，产量最高。

植物朋友 ZHIWU PENGYOU

花　生　油

内含丰富的脂肪和蛋白质。

　　我们当作零食的瓜子，其实也是一种油料作物，它的含油量也是很大的，榨出的瓜子油除了烹调外还用于制清漆和肥皂。

橄榄油是取自橄榄的果实吗？

小问题

棉花和橡胶原产地在哪里？

　　我们日常使用的棉花，是由棉花植株上采摘下来的棉桃加工而来的，棉花被纺成线，然后再织成各式的布。

　　棉花原产于中国、印度及墨西哥。后来随着工业革命，纺织业大规模生产成为可能，棉花的种植和利用更加普遍。现在至少有75个国家在大量种植棉花。棉布舒适、

棉　花

保暖，不起静电，不易吸附尘土，而且易于染色。这些优点使棉花成为服装及其他领域的优良材料。

　　大约从 20 世纪 80 年代开始，人们开始从人造纤维的偏爱中解放出来，重新投入了天然织物——纯棉的怀抱！

　　我们日常所用的橡胶，有天然橡胶和合成橡胶的区别。天然橡胶来自橡胶树，合成橡胶则是利用石油等原料合成而来。

　　黑橡胶树产于北美，从加拿大到墨西哥

　　世界天然橡胶树于 1876 年人工种植成功，迄今已有 128 年的历史。原产于南美洲亚马孙河流域的橡胶树，生长在北纬 15°以北和南纬 10°以南，属于热带雨林乔木树种。100 年前，经过中国人的艰苦努力和科学创新，成功地在北纬 18°～24°的海南、云南、广东等地引种成功，并培育出适合中国热带、亚热带地区环境，具有特色的橡胶栽培技术体系。

割取橡胶树汁液

湾都有分布。株高 9～15 米，冠幅 7.5～
10.5 米，树冠卵圆形或金字塔形，枝条水平
生长，单叶互生，全缘，卵形至长方形，长
10～15 厘米，宽 5～7.5 厘米。叶子正面深
绿背面浅绿，秋天叶色变为橘黄、猩红紫。
橡胶树春天开花，花量大，秋天结果，小果

蓝黑色。

橡胶树的生长速度较慢，它们喜爱阳光和温暖湿润的气候。最初多数野生橡胶树生长在巴西，现在天然橡胶主要来自东南亚大面积的橡胶种植园。橡胶树的树皮能分泌一种黏稠乳状的液体，这些液体被收集后经过简单的加工成为生胶。采胶工人把橡胶树皮割开一条狭长的切口，切口下面放一小桶以便收集胶液。橡胶树一般 15 天可采胶一次。

你知道中国最大的人工种植橡胶园在哪里吗？

小问题

草木真的无情吗？

　　植物没有耳朵，但人们发现植物却有"听觉"。

　　科学家以豌豆为对象，用一个仪器发出比选定频率高5%和低5%的颤音进行实验，结果发现，在接近人的正常声音和比人的说话声稍大些，达到70～80分贝时，豌豆的生长速度就会加快。科学家还发现，放在

水　稻

冰箱里的小萝卜种子，通常只有20%的发芽率，但听了颤音之后，可达到80%~90%。

更奇怪的是，植物还能听懂音乐，对不同的音乐会产生不同的反应。科学家在两个房间里放置了同样的植物，而在其中一个房间里经常播放抒情音乐，在另一个房间里经常播放恐怖音乐。结果发现，听恐怖音乐的植物迅速死亡，听抒情音乐的植物则格外茂盛，这个试验反复多次，结果都一样。

另外一个试验中，科学家在两个葫芦旁播放两种音乐。一种是摇滚乐，一种是古典音乐，结果听摇滚音乐的葫芦远离录音机，听古典音乐的葫芦藤爬满了录音机。

植物不但有听觉，还有"视觉"，它们

葫芦也会听音乐？

禾本科植物有 6000 种以上，水稻、玉米的花是种子植物中的大科之一，中国有 1000 余种。它们多属禾谷类作物，对人类的经济生活非常重要。这一科植物不仅有草本植物，还有多年生乔木状植物，如竹。水稻、玉米、竹、小麦的生活习性和营养器官的形态虽然大不相同，但是花和果实的基本结构很相像，把它们归为一科，非常自然。

对光非常敏感。植物有捕捉光的光敏化合物，光敏化合物能监测、寻找和发现光，从而确定太阳的方位，判断光线从哪里来，由此确定如何摆脱荫蔽状态，调整生长态势。几乎所有的植物都有向阳的特性，最明显的莫过于向日葵。

　　科学研究表明，植物并不像人们想象的那样草木无情，它们是敏感的。人类生存在根本上要依靠植物，人类不能离开一直在改善和美化着人类生活环境的植物。植物一直默默地担当着人类保护者的角色。例如，一些绿化树种、抗污染先锋树种、耐盐碱植

豌豆会听声音吗?

物,它们为防风固沙、治理污染、改造盐碱土作出了很大的贡献。大自然植物宝库还为人类提供了许多观赏植物,绿化和美化了人类居住的环境。

　　绿色象征着生命,没有绿色,世界就失去了生机和活力。植物是人类的天使,是人类生存的基础和前提。植物对人类、对环境的作用是不可能一下说完的,我们从人们赋予植物的各种称号上,便可体会到植物对我们的重要性。

　　说说你最喜欢的植物是哪一种?

小问题

植物——城市的过滤器和消声器

随着城市和工业的发展，水质污染越来越严重，用于治理污水的负担也越来越沉

城市离不开绿色浇灌

我们植树时，要根据当地的具体情况来选择树种，可以采用生长快的树和生长慢的树搭配，这样既能早日达到保护环境的效果，又利于树种的更新。防污能力较强的绿化树种有梧桐树、椿树、蚊母、女贞、海桐、榕树、槐树等。

重。在农村，人们喜欢在池塘中栽种芦苇，栽上芦苇后池中的水就变得清洁多了，原来芦苇的根能吸附污物。从这里人们受到了启发：植物不就是天然的污水处理厂吗？所以我们要充分利用植物的这一功能，使我们周围的水更绿更清！

可能大家要问，为什么有些植物能净化污水呢？原因大体有下面几个。

第一，也许污水中有些物质原来就是这些植物的主要养分，如氮、磷、钾等，所以就被植物吸收了。这对植物来说岂不是乐事？既为人类治理了污水，又吸收了自己所需的养分，可以说是一举两得！

第二，有些植物能分泌一些特殊物质，和污水里的物质起化学反应，将有害物质变

梧桐科的假苹婆有较强的防噪声能力

成了无害物质。这些植物也是我们应该加以
利用的，使污水变成无害之水。

　　第三，还有些植物天生就有杀菌作用。

　　不管怎么说，很多植物已被人们用以治
理污水，人们把植物亲切地称作净化污水的

过滤器。实际上，植物不但是城市的过滤器，还可以充当城市的消声器。

在城市中，汽车、飞机以及工厂和建筑工地都发出轰鸣声，加上歌舞厅、酒吧、商店等发出的嘈杂声，人们经常处于噪声的环境中。噪声对人体非常有害，它能引起神经官能症、心跳加快、血压升高、冠心病和动脉硬化等。噪声影响人们的正常生活，妨碍睡眠和交流，让人烦躁不安，并易引起疲劳，降低生产和学习效率。在许多国家，噪声已被列为城市的公害之一。

植物不仅能绿化城市面貌，降低城市污染，净化城市空气，而且城市里的植物还能有效降低各种噪声，从而为人们营造静谧、舒适的环境。

植物为什么能净化污水？

小问题

谁能充当保护沙漠和农田的卫士？

　　世界五大洲都被广阔的海洋包围着。海岸线逶迤曲折，海滩辽阔无边，陆地只是汪洋大海中的岛屿。如果能向海洋要田并加以开辟利用，扩大耕地面积，将是一件造福人类的大事。植物朋友可以在这方面大显身手，帮助人类实现梦寐以求的愿望。

　　如何让植物朋友们成为我们攻占海滩的

内蒙古三北防护林

　　新疆 7700 万亩农田中已有93％受到林网保护，农业生产连续20多年获得丰收。与此同时还新增森林面积 2200 多万亩，使新疆森林覆盖率达到 4.02％，绿洲内部生态环境得到明显改善。新疆80 个县市和新疆生产建设兵团 131 个农垦团场实现了农田林网化，45 个县（市、区）达到国家平原绿化县标准。

尖兵，实现合理开发滩地，改善生态环境的目标呢？

　　首先要爱护滩地上原有的绿地植物，并有计划地、有控制地种植大米、草和孤米草等滩地植物，它们可以起到防浪、保滩的作用。同时，要进一步建立防护林带和自然保护区，发挥植物朋友在滩地上作为"农业卫士"的作用，并保护濒危物种资源。

　　在风沙干旱地区和水土流失严重地区要进行农业生产，费力多而效果差；而在土壤肥沃、水利条件好、气候适宜地区搞农业生产，就轻松多了。自然环境的好坏直接影响到农业的兴衰。那么，防护林是如何发挥农田卫士作用的呢？

一方面，强风对农作物的危害极大，会使农业遭到重大损失，而防护林犹如绿色的大屏障，可以抵御强风对农田和牧场的侵袭。

另一方面，防护林还能促进降雨，保持水土，降低温度，改善农田生态环境，这当然更能保证农作物良好的生长！

全世界遭受沙漠化威胁的土地面积达4500万平方千米，约有5个中国那么大。著名的非洲撒哈拉大沙漠，面积就有860多万平方千米，占非洲陆地面积的30%，全世界有1/6的人口居住在那里。怎么样？这样的现实是不是很令人吃惊啊！在中国，沙漠的面积约170多万平方千米，相当于15个江苏省的面积，绝大部分分布在新疆、内蒙

沙漠化严重的黄河源头

防沙工程

古、甘肃、青海、宁夏等省区。所以，中国防治沙漠化的形势也是很紧迫的。

那么，沙漠是怎样形成的呢？首先，干燥的气候是形成大范围沙漠的重要的条件。其次，人类滥伐森林、过度放牧和盲目开垦土地，加上局部性的战争又毁坏了干旱地区的水利设施。土地干旱使其沙漠化，特别是植物的减少，促使了沙漠的形成。因此，我们要大力植树造林，保护并扩大沙漠地区植被，以阻止日益恶化的土地状况。

防护林是怎样防范风沙的？

小问题

我们的植物家园面临哪些危机？

我们需要植物，这毋庸置疑。而且，我们还需要植物的丰富多样、千姿百态。植物多样性是生物多样性的基础，人和动物的生存都依赖于植物的多样性。但是，现实中人类对植物不合理的利用和对环境的破坏日益加剧，使许多植物已处于灭绝或濒临灭绝的境地。据估计，大约每27年就有一种高等

濒危植物之一 ——云南穗花杉

根据世界资源保护联盟 2000 年公布的报告，对世界各地 1.8 万个动植物种类所进行的调查表明，有 11046 个生物物种濒临灭绝。在过去的 500 年里，已有 816 种动植物从地球上消失。目前，地球物种消亡的速度最高已达到自然状态下的一万倍。造成物种加速灭绝的主要原因是人为因素。城市规模的不断扩大、森林的大面积砍伐以及农牧渔业的快速发展等都给生物多样性带来严重的破坏。如果不在全球范围增大支持、参与和资助自然保护的力度，许多奇妙的生物可能在 21 世纪的前几十年就将灭绝。

植物从地球上灭绝。再如，中国有种子植物约 3 万种，其中濒危物种有 4000～5000 种，比例高达 15%～20%。所以对稀有濒危植物的保护、培育任务是繁重而紧迫的。

新加坡的一个研究小组列了一个有 12 200 种受威胁和濒危物种的动植物的清单，然后调查了完全依赖其中一些生物生存的昆虫、螨类、真菌及其他的有机生物。他们的研究揭示了一个严酷的事实,一种鸟、哺乳动物或植物灭绝时,那些完全依赖它们为生的物种也将一起消失。研究人员以新加坡一种藤蔓植物的灭绝为例,依赖此植物生存的一种美丽的蝴蝶也因此销声匿迹。生物物种的灭绝正在形成连锁反应,如果不加以制止,最终毁灭的链条就会连锁到人类的头上。

进入 21 世纪,随着人口的迅速增长,人类经济活动的不断加剧,作为人类生存最基本的保证 —— 物种及整个生态系统现正在遭受着极严重的侵蚀而走向枯竭。自白垩纪以来,物种损失从未像现在这样迅速和巨大,平均每天约有 100 个物种从地球上消失,这种趋势如果继续下去,到 2050 年,世界上 1/4 的物种可能灭绝。

人类正在付出代价,沙漠化、渔业衰退、环境恶化……人类还在继续向未来借债,这实际上就是"寅吃卯粮",只能满足当前的需要。我们是在向后代抢夺生存的资源,那么人类的未来将会如何?

生物物种的灭绝会给人类带来哪些灾难?

小问题

如何保护和利用植物资源？

　　植物是人类的天使，我们要挽救濒临灭绝的植物，也要保护现有的植物资源，还要使植物家族进一步扩大。我们要合理利用植物资源，积极地建设我们的绿色家园。

　　在城市，植物对绿化、美化、净化环境、降低噪声以及吸收和分解环境中的有机废物和各种污染物起着重要的作用，还可为人类身心健康提供良好的生活和娱乐环

海南岛一角

植
物
朋
友
ZHIWU PENGYOU

　　海南岛森林广阔，植物繁多，树高叶茂，终年翠绿，是中国热带雨林、热带季雨林的原产地。森林覆盖率达 60.5%。海南拥有各种植物 4200 多种，其中特有种 630 多种，被列为国家重点保护的珍稀树木有 20 多种，如子京、坡垒、青梅、母生、花梨、油楠、胭脂、油丹等。这些珍贵林木质坚硬，纹理细密，花纹美观，是建筑桥梁、船舶、工艺品、高级家具的极好材料，尖峰岭、坝王岭、吊罗山是海南省的三大林区。热带经济林木主要有橡胶、椰子、油棕、咖啡、可可、茶叶等。

境。目前，我们的城市绿化中所用的植物种类还非常单调，结构也不尽合理。其实，中国拥有丰富的特有珍稀植物资源，完全可以选出一些新的行道树种、野生观赏花卉、园林绿化树种及各种能降低城市污染指示植物、抗性植物等，使城市居民能享受更健康优雅的生活环境。

　　植物基因库正在面临着威胁。在农村，对植物资源的不合理利用已使当代农业处在

野 茶 树

非常脆弱的状态，我们必须学会科学利用植物资源，发展科学化的农业。在自然界中所存在的种类繁多的植物野生祖先们（如野生稻、野大豆、野茶树等），由于环境的恶化和它们所赖以生存的生境的消失和破坏，有的已在地球上消失，有的则处在受严重威胁的状态，而这部分植物可以说是天然的基因库，它们保存有现在的栽培品种没有或已消失了的遗传基因，并具有特殊优良的农艺性状，如抗病性、抗虫性、抗逆性等。对这些濒危野生祖型的考察、搜集和研究，对高产、高抗性良种的培育及生产的持续发展起着重大的作用。

保护植物的当务之急，就是要改变那种随意利用、改造植物，而不知道保护植物原生态的错误观念，为未来的人类留下植物野性的血脉！

在农村如何才能利用好植物资源呢？

小问题

城市需要绿色保护圈

在土地资源紧缺的今天，绿色面积的覆盖率日益减少，生态环境加剧恶化。如何有效增加城市绿化面积，改善城区生态环境，成为当今的重要课题。城市中植树、造林、种草、种花，不仅美化生活环境，而且可以

城市公共绿地

城市园林绿化

居住区绿地：居住区内除居住区公园以外的其他绿地。

单位附属绿地：机关、团体、部队、企业、事业单位所属绿地。

防护绿地：用于城市环境、卫生安全、防灾目的的绿带绿地。

生产绿地：为城市提供苗木、花草、种子的苗圃、花圃等。

风景林地：具有一定景观价值，在城市整个风景环境中起一定作用的林地。

改善城市的小气候，消除工业污染，清洁空气、防风避沙，减弱噪声等，因此这些树林花草有"城市卫士"之称。

城市的绿化覆盖率只有超过60％时，植物才能真正起到绿色卫士的作用，中国城市绿化水平远远达不到这一指标。根据中国大中城市特点，仅靠多种一些行道树，多开辟几个公园，建立少数绿化小区等这些平面绿化是难以大幅提高绿化水平的。

如果一座城市有50％的建筑物实现楼顶

城市绿化是人民生活质量的重要保障

绿化，城市市区的气温将下降 0.7℃ 左右，气温超过 30℃ 的天数也将减少 21% 左右。因此，一些专家认为城市楼顶绿化是扩大绿化覆盖率的一个有效措施。

城市是现代文明的象征，有高度发达的经济和文化。可是在这些引以为傲的城市里，人满为患，我们已难以呼吸新鲜空气，水也不那么洁净，空中没有鸟儿在自由飞翔，休息日我们只能到人造公园里去享受一下大自然的乐趣，大城市、大工业也给人类给来了遗憾。

人类社会的不断发展不可避免地会导致自然环境的变化，但只要能全面规划，合理开发自然环境和自然资源，环境污染是可以避免的。所以我们要加大植物的种植，扩大植被的覆盖率，在我们的周围形成"绿色保护圈"。

城市的绿化工作是很重要的，它影响一个城市的环境水平，也影响人们对一个城市的印象，因此必须加以重视。而现在，随着城市的发展，人口密度加大，高楼林立，人们已经想到了在屋顶建绿洲、建花园，空中绿洲成了现代化城市的新景点。如果你登上城市的制高点，俯瞰那座座"屋顶花园"，它们就像朵朵"绿云"飘浮在城市上空。

这种想法真不错，它使城市的绿化成为立体的，扩大了绿化空间。那么，怎样才能搞好"空中花园"呢？首先，要考虑采用的绿化材料，如爬墙虎和常春藤。同时，还要考虑美观，注意植物与建筑材料的协调性。

小问题

在你生活的城市中，公共绿地的比例大吗？

写在后面的话

今天，人类从大自然的报复中醒悟过来，人们已认识到，"绿墙"是农业生产的"保卫者"，是生态平衡的"节制闸"，我们人类也需要"绿色保护圈"。

为保护环境、保护自然、保护自己，人类需要怎样做起呢？只有靠世界各国人民一起拿起绿色植物这一有力武器，在农田中，在公路旁，在河流、水渠两侧，在海岸线上，营造农田防护林带、护路林带、护河林带、护渠林带和沿海防护林带，建成纵横交织的绿色长廊，为地球重新换上绿装。

通过本书，我们可以初步了解植物的方方面面，认识到植物对人类的贡献和作用。不管我们身在何方，我们都离不开植物，都应该爱护植物、珍惜植物，合理地利用植物，使植物自然地发展，使环境更加优美和谐。

在生态恶化加剧，环境破坏不减的当今世界，我们更应该树立保护植物的意识。我们的生活需要蓝天碧水，需要象征着生命的

保护环境是历史赋予我们的责任

绿色。不论在城市农村，还是在天南海北，人类都应该携起手来共同建设我们绿色的家园。

　　没有植物朋友，就没有我们！让我们与植物朋友共生存、共发展吧！

图书在版编目（CIP）数据

植物朋友 / 中国科学技术协会青少年科技中心组织编写 . -- 北京：
科学普及出版社，2013.6（2019.10重印）

（少年科普热点）

ISBN 978-7-110-07916-4

I.①植⋯ II.①中⋯ III.①植物 - 少年读物 IV.① Q94-49

中国版本图书馆 CIP 数据核字（2012）第 268455 号

科学普及出版社出版

北京市海淀区中关村南大街 16 号 邮编：100081

电话：010-62173865 传真：010-62173081

http://www.cspbooks.com.cn

中国科学技术出版社有限公司发行部发行

山东华鑫天成印刷有限公司印刷

※

开本：630毫米 ×870 毫米 1/16 印张：14 字数：220 千字

2013 年 6 月第 1 版 2019 年 10 月第 2 次印刷

ISBN 978-7-110-07916-4/G·3340

印数：10001—30000 定价：15.00 元